■ 四川省环保科技计划项目（2008HBY002、2010HBY003）
■ 四川省环境保护重大科技专项（2013HBZX01）　　　联合资助

兼容多分辨率遥感影像的城市热环境特征研究

李海峰／编著

郭　科　但尚铭／审定

U0286613

西南交通大学出版社
·成都·

图书在版编目（ＣＩＰ）数据

兼容多分辨率遥感影像的城市热环境特征研究／李海峰编著. —成都：西南交通大学出版社，2015.6
ISBN 978-7-5643-3930-2

Ⅰ.①兼… Ⅱ.①李… Ⅲ.①城市环境－热环境－环境遥感－研究 Ⅳ.①X21

中国版本图书馆 CIP 数据核字（2015）第 111517 号

兼容多分辨率遥感影像的城市热环境特征研究
李海峰　编著

| 责 任 编 辑 | 曾荣兵 |
| 封 面 设 计 | 墨创文化 |

出 版 发 行	西南交通大学出版社 （四川省成都市金牛区交大路 146 号）
发行部电话	028-87600564　　028-87600533
邮 政 编 码	610031
网　　　址	http://www.xnjdcbs.com

印　　　刷	四川煤田地质制图印刷厂
成 品 尺 寸	170 mm × 230 mm
印　　　张	9.25
插　　　页	8
字　　　数	202 千
版　　　次	2015 年 6 月第 1 版
印　　　次	2015 年 6 月第 1 次
书　　　号	ISBN 978-7-5643-3930-2
定　　　价	42.00 元

前　言

城市是现代社会政治、经济和文化的核心，也是人类社会迈向成熟和文明的重要标志。随着社会经济的发展，城市化已成为世界各国必经之路。城市化导致了城市覆被发生显著改变，河流、植被等自然地物迅速减少，取而代之的是高楼大厦和柏油马路等人工建筑。城市化已成为区域气候和生态环境发生改变的根源和背景，它导致了诸如大气污染、生态失衡、城市热环境异常等一系列环境与生态问题。其中以城市热环境问题尤为突出，它已成为城市可持续发展和人居环境质量改善的严重阻碍。

针对上述问题，本书以四川省绵阳市为典型案例，在 GIS 技术的支持下，以多种分辨率遥感影像为主要数据源，从宏观到微观揭示绵阳年际、季节和昼夜不同时间尺度上城市热环境的时空演变规律，定量分析不同城市景观的热环境效应。研究借助多源遥感数据，克服以往单一遥感数据源存在的不足，使得研究成果更加全面、客观、真实，以期为同类研究提供比对案例。

本书由四川建筑职业技术学院李海峰博士拟订提纲、撰写和定稿。参与相关研究工作的人员还有许辉熙博士（后）、刘雪婷硕士、仇文侠博士、蒲仁虎博士、郭豫宾硕士、龙文星硕士，在此，一并表示感谢。

本书得到四川省环境保护重大科技专项：川西平原城市群大气污染（灰霾）特征和成因研究（2013HBZX01）；四川省环保科技计划项目：基于定量遥感技术的四川省城市热岛效应动态特征与评价研究（2008HBY002）；四川省环保科技计划项目：四川城市化进程中的热环境响应研究（2010HBY003）联合资助。书中介绍的部分研究成果已经在国内外刊物和国际会议上发表。在本书撰写的过程中参考了国内外大量的参考文献，虽在书中都已经明确标注，但难免有疏漏之处，恳请各位专家谅解。

由于涉及的资料多，加之作者水平有限，书中不足之处在所难免，敬请各位读者批评指正。

编著者
2015 年 1 月

目　录

第 1 章 绪 论

1.1 研究背景与研究意义

1.1.1 研究背景

城市是一个复杂、动态的巨系统，不仅包括生产、消费和流通等空间现象和过程，也包括造成空间现象的非空间过程（许学强等，1996）。城市化已成为 21 世纪最显著的特征之一。据统计，2007 年世界约有 33 亿人口生活在城市里，到 2030 年这一数字可能达到 50 亿，城市人口比例将达到 60%（法国国家人口研究所，2007）。从景观角度考虑，城市化实质是土地利用/覆被景观演变的过程，即由水域、植被和土地等要素构成的自然景观被由水泥、沥青和金属等要素构成的人为景观所取代（岳文泽，2008）。

城市化导致地表蒸腾明显减少、径流加速，显热表面比例升高而潜热表面比例降低，同时伴有二氧化碳、二氧化硫等温室气体和有毒气体的大量排放，水体的严重污染等生态环境问题产生。这将会给城市居民生活带来众多负面影响（VITOUSEK et al.，1997；OWEN et al.，1998）。因此，针对快速的城市化进程以及大量农村人口涌入城市而衍生的城市生态环境问题，有必要进行深入细致的分析与研究。

城市是人类活动最剧烈的区域，城市化也是人类盲目征服自然的最直接体现。由于土地覆被景观的改变使自然界热能产生和传递的过程发生变化，并以热能的形式反馈给城市本身，从而形成"城市热岛效应"（Urban Heat Island Effects，UHIEs 或 UHI）。气象学中"城市热岛效应"是指由于人类活动造成的城市气温高于周围自然环境气温的现象（周淑贞等，1994）。城市热岛效应的存在，导致城市区域内的热气上升，到达高空后向四周扩散，而郊区的冷空气则流入城市，从而形成了城市特有的热岛环流。热岛环流导致城郊工厂排出的污染物涌入城区，造成城市污染物浓度急剧上升，城市热岛效应进一步加剧。

自 19 世纪 Lake Howard 发现伦敦城市热岛现象以来，有关城市热岛效应的研究层出不穷。随着研究工作的不断深入，学者们提出了城市热环境的研究主题。在环境科学领域，将城市热环境定义为城市内的空气、下垫面和各种外部因素组成的与热有关的热现象总和（但玻等，2011），其中空气温度和下垫面表面温度是城市热环境的核心。城市热岛效应是城市环境在热力场中的综合反映，是城市热环境的集中体现。本书未对城市热岛效应与城市热环境进行严格区分。

城市热环境问题已被列为影响城市可持续发展的八大环境问题之一（李文亮等，2010）。尤其是最近几年，在全球气温明显升高和快速城市化双核驱动的背景下，城市热环境已成为主导整个城市生态环境的要素之一（张新乐等，2008），它对城市微气候、空气质量、能源消费结构以及公共健康等方面都将产生深远的影响。通过研究城市热环境，能够掌握城市空间结构、城市规模及其发展变化趋势。此外，随着城市居民对生活舒适度、身心健康等方面要求的不断提高，营造一个良好的城市热环境氛围势在必行。由此可见，以城市生态环境的重要指标——城市热环境为研究对象，探索城市热环境演变规律及不同城市景观的热环境效应具有重要的理论意义和现实价值。

由于影响城市热环境的因素复杂多变，对于它的研究也将涉及气候学、城市规划学、地理学、计算机科学、地统计学等多门学科的相关知识。所以传统的研究手段无法将众多相对独立的知识有效整合并充分利用。然而随着"3S"技术（地理信息系统——Geography Information Systems，GIS；全球定位系统——Global Positioning Systems，GPS；遥感——Remote Sensing，RS）的不断成熟，卫星遥感已能够获得有效地表辐射信息。另外，热红外遥感已被成功地应用于城市地区进行城市热岛效应分析和土地利用/覆被类型划分等方面的研究，并作为城市地表大气交换模式的输入参数（孙天纵等，1995）。因此，在 GIS 技术的支持下，以遥感影像为基础数据源，能够成功地对城市热环境进行定量分析与评价。

1.1.2 研究意义

当前，中国正步入高速城市化的发展阶段。快速城市化导致的众多生态问题已经引起社会各界的广泛关注，以充分保证城市的可持续发展。但这些关注相对集中于北京、上海等大城市或特大城市（陈命男等，2011；徐永明等，2013；孟丹等，2013；QIAO et al.，2014），对于我国西部欠发达地区的中小城市的同类研究相对匮乏。然而，拥有广袤地域和丰富自然资源与矿产资源的西部发展潜力是巨大的，它是中国经济高速增长的中流砥柱。

四川省绵阳市作为中国重要的科技城，是四川省第二大城市，素有"西部硅谷"之美誉，中国工程物理研究院和四川长虹电子集团公司坐落于此。近年来绵阳市经济和社会发展均取得了令人瞩目的成就。它在国家的战略地位是无法被取代的。快速的城市化进程使绵阳城市土地利用/覆被景观发生了显著变化，交通、居住和工业等建筑用地比例迅速增大，而对城市生态环境起调节作用的水域、林地、耕地和绿地等比例迅速下降，城区景观格局发生了较大改变；同时城市工业聚集、人口与机动车大幅增加，致使二氧化碳、二氧化硫等温室气体和有害气体排放量陡增。从而对城市热环境造成巨大影响。此外，绵阳市水系发达，有涪江、安昌河和芙蓉溪三条主要河流贯穿于建成区，三条水系最终汇合于涪江，是我国少有的"三江汇流城市"。由于地理条件特殊，其城市热环境及演变规律值得进行深入分析和研究。

本书重点研究绵阳城市热环境的特点及其年际、季节和昼夜演变规律，并借助景观生态学理论与方法，对河流廊道景观、绿地景观和公园景观的热环境效应进行分析。研究具有重要的理论意义和现实价值，成果有望对同类城市的健康发展提供理论依据与技术支持。

1.2 国内外研究现状

1.2.1 城市热环境研究现状

城市热环境是气象和环境工作者在研究城市热岛的基础上发展出来的

概念。城市热岛效应反映的是城市气温明显高于周围气温的现象，就像一个热的"岛屿"矗立在周围乡村凉爽的"海洋"。从涵盖的范围上而言，城市热环境更大、更广泛；从概念上看，城市热岛效应是城市热环境的一部分，是城市热环境状况的集中体现。到目前为止，其研究方法主要可归纳为三种：地面观测法、遥感监测法和数值模拟法（胡嘉骢等，2010；寿亦萱等，2012；白杨等，2013）。

1. 地面观测法

地面观测法是指利用分布于城区和周围乡村的气象台（站）获取研究对象历年的气象观测数据，或利用布点观测、汽车流动观测某条研究路线上的气象资料，并对所得气象资料进行对比、统计和分析，从而总结研究对象的热环境现状或动态变化等特征（宫阿都等，2008）。

学者们运用地面观测法主要研究热岛效应的相关问题，进而反映城市热环境状况。此方面的研究，国外学者起步较早，相关成果也相对丰富，如 Mitchell 等（1953）对城市人口密度、人口数量与城市热岛效应强度的关系进行深入分析和研究；Kazimierz 等（1999）利用汽车装载 Vaisala HMP-35 传感器对研究区的城市热岛空间格局进行分析。

相比国外研究，国内开始对城市热环境的研究起步较晚，但发展势头迅猛，同时也产生了众多研究成果。例如：

周淑贞（1982）应用观测站和流动观测相结合的方法，对上海市 1957—1979 年城市热岛效应的表现和特点，以及上海市最低气温、最高气温和平均气温与城市热岛的相关关系进行了研究。结果表明，上海市热岛效应及特点与气温之间的关系十分显著。

张景哲（1988）对北京市的城市热岛特征进行了研究。

刘文杰等（1998）利用景洪市 1964—1994 年的气象观测资料，对热岛效应与高温之间的关系进行分析。

郭家林等（2005）利用哈尔滨市及周边县市的地面观测资料，分析了1996—2000 年哈尔滨的平均气温和最高、最低气温的变化规律及其差异。结果显示：在研究时段内哈尔滨市平均气温呈上升趋势，而且不同地区、不同季节的增温幅度有所差异。

季崇萍等（2006）利用 1971—2000 年北京 20 个气象观测站的温度观

测资料，对北京城市热岛与人口、建成区范围的相关关系进行研究，并给出相应的回归方程。

刘立群等（2011）应用多年气象资料对安徽省安庆市的气温变化与热岛效应进行相关性分析。

龚志强等（2011）应用1988—2008年的观测数据对长沙城市热岛的季节变化和日变化特征进行研究，结果表明：长沙城市热岛效应秋冬较强，春、夏较弱，日变化的特点是夜间强于白天。

但是，地面观测法存在一定的缺陷，如气象站点的数量是极其有限的。因此，研究人员仅能获取样点信息，而数据不能反映城市热岛的整体空间信息。分析国内外众多学者的研究发现，早期的研究基本属于点尺度或纯概念的研究，很难对城市热岛的空间格局、内部结构以及演变规律等进行分析，对城市热环境进行深入研究就更无从谈起了。此方法亦存在诸多优点，如其定位精确高，能够准确了解观测点的气温，同时由于气象观测点在时间上的连续性较好，因此，对于城市热岛在时间上的演变规律分析有着明显优势。

2. 遥感监测法

进入20世纪六七十年代，随着城市规模的不断扩大和城市人口数量的急剧攀升，城市热环境也不断的发生变化，所以传统的地面观测法对于城市热环境的研究已经无法满足需求。随着"3S"技术的不断发展与成熟，尤其是航空/航天传感器的不断改进与完善（李海峰等，2010；刘玉安，等2014）。1972年Rao等提出利用卫星遥感手段研究城市热环境。遥感技术能够很好地弥补地面观测法的不足。它可以在较短时间内获得覆盖研究区的资料，同时又能够实现快速更新。因此，遥感监测法应运而生。该方法是利用传感器对城市下垫面及其地表温度进行实时观测。利用遥感技术研究城市热环境可以揭示城市空间结构和城市规模的发展与变化，有助于引导城市朝着健康的方向发展，提高人居环境质量。卫星遥感热红外信息综合地反映了热环境状况，且具有分辨率高、宏观、快速、动态、经济等特点，是城市热环境研究的有效技术手段（陈云浩等，2004）。

到目前为止，学者主要利用低分辨率的美国气象卫星AVHRR的第四、第五波段和空间分辨率相对较高的美国陆地卫星TM/ETM+的第六波段研究城市热环境。AVHRR数据空间分辨率为1.1 km，较适宜做宏观分析；

而较高分辨率的 TM/ETM + 数据热红外波段的空间分辨率为 120 m/60 m，其余波段的空间分辨率为 30 m/15 m，故目前适宜分析城市热场的内部结构。由于应用遥感技术研究城市热环境有其独特的优势，研究方法的重心已经转移到遥感监测法。

国外在此方面的成果主要有：Roth 等（1989）研究了 UHI 与植被指数关系及 UHI 对最低气温的影响；Gallo 等（1993）给出城市热场评价的 NDVI 描述方式，并运用由 AVHRR 数据获得的植被指数估测城市热岛效应在引起城乡气温差异方面的作用；LO 等（1997）利用 RS、GIS 技术分析和评价热场空间结构及其对周围环境的影响，并取得良好的效果；Owen 等（1998）利用植被覆盖率与土壤有效水分研究了美国宾夕法尼亚州立学院及附近地区城市化影响；Streutker（2003）通过比较 12 年前后城市热岛测量资料研究了美国休斯敦 UHI 增长。Kolokotroni 等（2008）以英国伦敦为研究对象，分析得出城市发展是导致自然地表面积减少的主要原因，认为地表反射率的变化是影响城市热环境昼夜差异的关键因素。Quah（2012）等人采用能量平衡的相关理论研究了商业区和居民区等的热传递和热量排放。

国内最早开展城市热岛研究工作的是上海市和北京市，相关研究成果也最丰富。例如：范心圻（1991）利用 NOAA 数据和 TM 数据，研究了北京市热岛结构信息和季节变化特征以及城市热岛与下垫面的关系；宫阿都等（2005）根据 TM 影像利用单通道算法反演北京市地表温度，从而获得北京市热环境空间分布图；杜明义（2007）对北京市热环境的空间格局及时空演变规律进行了分析，同时研究了城市道路系统、绿化带、水系与空间热环境的关系；刘闻雨等（2011）应用统计学的方法定量分析了几种主要建筑材质、自然地类与地表温度的相关关系；陈云浩等（2002，2006）、徐丽华等（2007）、王桂新等（2010）、陈命男等（2011）以 TM/ETM + 等遥感影像为数据源从不同角度、应用不同方法对上海城市热场结构、空间格局以及时空演变规律进行了详细的分析和研究。杨何群等（2013）利用 FY-3A/MERSI 数据对上海市热环境进行监测和预报；刘帅等（2014）利用 HJ-1B 卫星反演的地标温度数据为基础对北京市的城市热岛季节变化进行了研究。

随着研究工作的不断深入，学者们开始陆续对全国各大、中城市进行城市热环境方面的研究工作。例如：王伟武等（2004）应用遥感和非遥感空间数据，定量研究了杭州市地表演变对城市热环境变化的影响；李乐等（2014）以 Landsat 卫星影像为数据源分析了杭州市 1989—2010 年城市空间扩展及其热环境变化的相关关系；黄荣峰等（2005）揭示了福州土地利用/覆被与城市热环境的相关关系；李鸥等（2008）研究了武汉城市布局与热环境的关系；潘竞虎等（2008）利用 TM/ETM + 遥感影像，应用不同的研究方法对河谷型城市（兰州市）的土地利用类型及其热环境效应进行了研究；谢苗苗等（2009）对深圳西部地区不同城市化阶段景观演变与热环境效应的动态关系进行了分析；孙芹芹等（2010）运用热力重心法对广州市热环境进行了研究；但尚铭等（2010）应用 AVHRR 数据对四川省绵阳市的热岛效应及其变化规律进行了初步研究；梁敏妍等（2011）以 TM/ETM + 卫星资料为数据源，对广东省江门市建成区秋季地表热环境时空演变特征进行了分析；贾宝全等（2013）以 TM 卫星遥感影像为数据源分析了西安市城市热岛效应变化特征；屈创等（2014）以 MODIS 数据为基础数据分析了石羊河流域地表温度空间分布特征；肖捷颖等（2014）运用遥感影像数据，通过地表能量平衡的相关理论与方法对石家庄市的城市热环境特征进行了研究。

3. 数值模拟法

数值模拟法是指利用实测数据以及相关空间数据，采用数值模式或数学空间模拟，研究城市热环境及其成因的方法（江学顶，2007）；但是一般情况下，因为气象观测条件往往是有限的，所以学者们研究热岛的数据不可能全部获取。因此，随着计算机硬件、软件的飞速发展，数值模拟也成为研究热岛内部结构、空间特征以及热岛环流等理论的有效手段。

国外应用数值模拟法研究城市热环境的代表性成果主要有：Estoque（1969）根据简单的二维模式，针对局地热源对气温和气流的扰动影响进行了分析。James（1973）在考虑人为热影响的前提下，根据一个稳定状态的剖面数值模式，对美国哥伦布城市夜间大气边界层的热力结构进行了模拟分析。Kazuya 等（2004）运用计算机流体动力学模型（Computational Fluid Dynamics，CFD）对东京市商业区、大学校园和混凝土广场三种典型区域进行了热能流动的观测，然后模拟出气温、湿度、风速等参数，研究结果表明，该模型能够成功地反映城市热环境状况；Parra 等（2010）对研究区冬季热环境状况进行了模拟和分析。

国内方面：杨玉华等（2003）用非静力平衡的中尺度模式 MM5，在考虑人为热源日变化的前提下，对北京冬季热环境进行了数值模拟；赵福云

（2003）、唐盈（2006）应用 CFD 技术分别对长沙市某住宅小区热环境和重庆大剧院室内外热环境进行模拟与分析；江学顶等（2006）应用数值模拟与遥感反演相结合的方法对广州城市热环境空间格局进行了研究；赵敬源等（2007）利用街谷动态模型，针对典型街谷进行了温度场数值模拟；王翠云（2008）运用 CFD 技术对兰州市热环境进行了模拟，分析了不同土地利用类型与亮温的关系，并对典型小区热环境进行了数值分析；刘艳红等（2011）以太原市为例，应用 CFD 数据模拟技术，对五种常见的绿地形状进行了数值模拟。

学者们运用不同手段研究不同区城市热环境的同时，也提出了一些具有较强应用性的数据处理方法。例如：根据普朗克（Planck）定律反推亮温和分裂窗（即劈窗）算法；覃志豪等（2001，2004）提出的用陆地卫星 TM 6 数据反演地表温度的单窗算法和地表比辐射率的估计方法；Artis 等提出的基于影像算法反演地表温度。徐涵秋（2003，2005，2007）提出遥感影像的正规化技术以解决因时相差异给研究带来的影响，另外他还提出了改进的归一化差异水体指数法和新型遥感建筑用地指数法用来提取水体信息和建筑用地信息；陈松林等（2009）对间距法和均值-标准差法界定城市热岛等级进行了完善。郑祚芳等（2012）利用一个耦合了城市冠层模式（UCM）的区域数值模拟系统（WRF/NCAR）对北京夏季极端高温的热岛状况进行了研究；杨峰等（2013）对城市高层居住区规划设计策略对小区室外热环境的影响进行了实地观测和参数化的数值模拟，以验证和量化不同设计策略对室外热岛和热舒适度的影响机制和程度；叶丽梅等（2014）采用数值模拟的方法对南京地区下垫面变化对城市热岛效应的影响进行了分析。上述反演算法与遥感数据处理技术均得到了较为广泛的应用。

1.2.2　城市景观热环境效应研究现状

景观是具有高度空间异质性的区域，是由相互作用的景观元素或生态系统以一定的规律组成的（傅伯杰等，2001）。将景观生态学的理论与方法应用于城市热环境的研究中，进而形成了"城市景观热环境"。"城市景观热环境"主要研究城市景观格局变化对城市热环境的影响及典型城市景观的热环境效应。

城市景观生态学的理论研究主要集中在快速城市化进程中的景观格局

及其动态变化（刘艳红，2007）。学者们在这方面进行了大量的研究。曾辉等（2000）以深圳市龙华地区为例研究了快速城市化过程中的景观格局变化的空间自相关特征；高峻（2001，2003）、徐建华（2002）、张利权（2004）分别从不同角度对上海城市景观格局进行了研究；田光进（2002）应用"3S"技术分析了海口市景观格局动态演化规律。

国外针对城市景观热环境效应的研究早于国内，具有代表性的成果主要包括：Makoto 等（2001）对日本东京街道的景观格局进行研究，结果表明：若街道的走向朝向稻田，使得稻田上空的相对较冷空气可以进入到附近的小区内，对居住区 150 m 范围内起到显著的降温效果；YUAN 等（2007）研究了不透水面与城市热场分布的关系，结果表明：不透水面对应温度相对较高；Giridhzran 等（2007）、Akinbode 等（2008）通过对研究区城市温度和湿度的分析发现，植被覆盖好的区域温度相对较低而湿度相对较高，由此说明植被具有明显的降温增湿效果。

国内借鉴景观生态学理论研究城市热环境的尝试始于北京师范大学陈云浩等（2002，2004，2006）。他定义了"热力景观"的概念，即城市与周围环境相互作用形成，也是人类在改造、适应自然环境的基础上建立起来的人工生态系统的热力学表现。在针对城市热环境的研究中，形成了一整套研究理论与方法并构建了评价热环境的指标体系。评价指标主要包括：优势度、分维数、分离度、形状指数、破碎度和多样性等。并以上海市为典型研究区，将该方法成功应用于其城市热环境的研究中。

岳文泽（2008）在陈云浩等研究的基础上，借鉴景观生态学观点，从不同角度对上海城市热环境进行了分析。重点研究了上海市不透水面、城市公园景观以及城市绿地景观等的热环境效应，并选择大量样本进行回归分析，建立了具有较强研究价值的回归模型，得出了一些重要的结论。同时他还针对上海市热环境的空间格局、变化规律及原因进行探讨，并成功构建出一整套城市热环境成因与评价指标体系。岳文泽（2013）结合 SPOT5 和 TM 遥感影像探讨了上海市典型水域景观的热环境效应，揭示了水域景观的降温作用。

近年，随着人们对城市热环境关注度的不断提高。众多学者也开始针对不同城市景观类型的热环境效应进行了广泛而深入的研究。例如：葛伟强等（2006）、贾刘强等（2009）、刘红艳等（2009）、雷江丽等（2011）通过对绿地斑块的面积、周长和形状指数与地表温度关系的研究，分析了绿地的降温范围及降温效果；张新乐等（2008）对哈尔滨市土地利用类型及其格局变化的热环境效应进行了研究，结果表明：哈尔滨市建成区存在显著的热岛效应并呈增强态势，市区总体地表温度升高。各用地类型随着面积比例的升高，平均地表温度相互间差异变小，建设用地对热岛效应的作用增强，水体缓解热岛效应的作用减弱，热环境的空间差异性进一步减小；吕志强等（2010）通过对珠江口沿岸土地利用变化及其地表热环境分析发现，以建设用地扩展为突出特征的土地利用变化，深刻影响着区域热环境。徐丽华等（2008）、刘娇妹等（2008）、周东颖等（2011）分别提取了上海、北京和哈尔滨的城市公园景观空间分布格局，并对典型城市公园的热环境效应进行了分析。结果表明：公园景观斑块的面积、周长和形状指数与温度存在显著的负相关，即公园景观对周围环境具有明显的降温作用。冯焱等（2012）以济南市为例研究植被与城市热环境变化的相关关系；王帅等（2012）以中牟县为例研究典型地区农业景观格局的热环境效应；张飞等（2013）研究了塔里木河上游典型绿洲地表热环境效应。李翔泽等（2014）研究了不同地被类型对城市热环境的影响。栾庆祖等（2014）研究了北京市城市绿地对周边热环境的影响。邹春城等（2014）以福州市为典型样区分析了城市不透水面景观指数与城市热环境相关关系。肖捷颖等（2015）研究了石家庄市城市公园景观的降温效果。

综合以上论述可知：目前，学者们主要分析北京、上海、广州、哈尔滨等大城市或特大城市的热环境状况，针对中小城市尤其是西部欠发达地区中小城市的研究相对较匮乏；四川省也仅有但尚铭等对绵阳市进行了初步分析。并且在以往热环境研究中多选择单一的遥感数据源，没有实现多源遥感数据的相互协作；同时大部分的研究工作也并不系统，属零星分析。针对热环境的研究未形成一个相对完整的体系。本书将以西部中等城市——四川省绵阳市为研究对象，多源遥感影像为主要数据源，运用不同的分析方法与评价手段对绵阳城市热环境特征进行系统研究，初步构建城市热环境演变及特征分析体系。

1.3　研究区概况

研究区四川省绵阳市位于四川盆地西北部，涪江中上游。东邻广元市的青川县、剑阁县和南充市的南部县、西充县；南接遂宁市的射洪县；西接德阳市的罗江县、中江县、绵竹县；西北与阿坝藏族羌族自治州和甘肃省的文县接壤。地理坐标为：北纬 30°42′ ~ 33°03′，东经 103°45′ ~ 105°43′。全市呈西北东南向条带状，东西宽约 144 km，南北长约 296 km，面积约 20 249 km² （绵阳市年鉴 2010）。图 1-1 为研究区位置图。

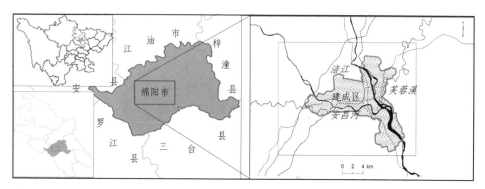

图 1-1 研究区位置示意图

注：为突出建成区范围内的相关信息，后续研究区出图范围统一选择红色范围线以内。

1.3.1 自然地理情况

1. 地形地貌

绵阳市总的地势为西北高东南低，高差变化很大。西北部面临龙门山脉，海拔为 1 000 ~ 3 000 m。最高点是雪宝顶，位于平武县与松潘县的接壤处，海拔约 5 440.1 m。东南部属盆中丘陵，海拔一般为 400 ~ 600 m，最低点位于三台县境内，海拔约 307.2 m。最高点与最低点的高差约为 5 132.9 m。西北部受龙门山北东向褶皱断裂与岷山南北向构造、摩天岭东西向构造的联合影响，山脉主要走向呈北东南西向、南北向和东西向；东南部处在扬子准地台川北台陷、川西台陷和川中台拱的接合部位，地台基底坚硬，所以地壳以升降运动为主，地层受各时期水平运动的影响较轻，有一些舒缓宽阔的褶皱，地层一般倾角不大，形成岗岭起伏的丘陵、台地、方山地貌。主要地貌类型所占比例分别为：山区约占 61.0%，丘陵区约占 20.4%，平坝区约占 18.6%。

2. 气　候

绵阳市属于亚热带湿润季风气候区。冬半年气候干冷且少雨；夏半年气候潮湿多雨。四季分明，冬季最长，为 95～115 天；春、夏季次之，为 81～91 天和 82～118 天，炎热、多雨、潮湿；秋季最短，为 71～76 天。降水时空分布不均，冬、春两季降水较少，而夏、秋两季降水充沛。年降水量最多的北川县可达 1400 mm 左右，而最少的地区则不足 900 mm，区际间相差约 500 mm。据统计，一年中最热的月份为七月，平均气温为 34.2～37.2 ℃，历年极端最高气温，盐亭为 39.5 ℃和梓潼为 38.9 ℃，其余各地在 36.1～37.7 ℃，虽有伏旱高温天气，但少酷暑。一年中最冷的月份为一月，平均气温为 3.9～6.2 ℃，历年极端最低气温为 −4.5～−7.3 ℃。全年无霜期为 252～283 天。气温变化幅度较小。

3. 水　系

绵阳市降水丰沛，径流量大，河流纵横，水系发达。有大小河流 3 000 余条，所有河流全部注入嘉陵江支流——涪江、白龙江和西河。涪江位于嘉陵江右岸，是市内最主要的水系，全长约 670 km，流域面积 36 400 km²。在绵阳市境内长约 380 km，流域面积约 20 230 km²。涪江对绵阳自然地理环境的形成和经济发展产生着巨大影响。涪江有多个支流，其中主要包括安昌河、平通河、凯江、通口河，以及涪江左岸的芙蓉溪、火溪河、梓江等，形成并不十分对称的羽状水系。

4. 生物资源

境内的植物共约 4 500 种，其中药用植物大概 2 100 种，主要林木树种有 300 多种。其中受国家保护的植物约 60 种，主要包括银杏、荷叶铁线蕨、红豆杉、苏铁、木沙椤、巴东木莲、珙桐、兰花类、光叶蕨、白皮云杉、青檀等。因海拔高度、气温和植物垂直分布明显，从而形成种类繁多的植物生态群落。

5. 矿产资源

境内现已发现了约 56 种矿物，如钨、金、锰、铁、银、硫、磷、铅锌、水晶、石灰石、膨润土、玻璃用石英砂岩、白云石、方解石、天然气等。矿产地有 400 多处，目前已经探明储量的矿种有 26 个，具有工业矿床规模的为 74 处。矿种的储量在全省占有重要地位的主要有：江油的铸型用砂、三台和盐亭的膨润土、水泥配料用页岩的储量居全省第一，安县和北川的重晶石储量居第二，江油石英砂岩、白云岩和全市的天然气总量居全省第三。以县（市、区）而言，平武的矿产资源以金属为主，其中主要有锰、金、钨、铁和铅锌矿；其余县（市、区）则以非金属矿为主。例如：江油市的硫铁矿、石灰石，安县的磷块岩、石灰石、重晶石，北川的重晶石、石灰石、硅石、饰面用板岩，三台和盐亭的膨润土，涪城区和游仙区的砖瓦用页岩、砂石等。

1.3.2　社会经济状况

绵阳市辖安县、盐亭、三台、平武、北川羌族自治县和梓潼 6 个县，以及江油市 1 个市，涪城、游仙 2 个区，同时代管四川省人民政府科学城办事处。经济发达，矿产、旅游等资源丰富。统计资料显示绵阳市已发现铁、锰、铅锌、钨等 56 种矿物；有国家 AAAA 级旅游景区 4 家，AAA 级旅游景区 3 家，AA 级旅游景区 3 家以及国家级农业旅游示范点 2 个。

同时在长虹集团、四川九洲电子集团、丰谷酒业集团和汉龙集团等一大批知名企业的大力推动下，绵阳市的经济实现了跨越式发展，生产总值增长保持在 10%以上（见图 1-2）。2011 年地方生产总值更是达到了 1 189.1

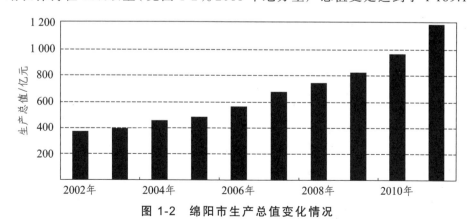

图 1-2　绵阳市生产总值变化情况

注：数据来源于绵阳政务网，绵阳市年鉴。（http://www.my.gov.cn）

亿元，人均产值突破 2 万元。随着西部大开发的进一步深入，绵阳已逐步形成了以电子信息、新材料、新能源、光机电一体化、精细化工为主，建筑建材、食品、化工为辅的产业群。

1.4 主要研究内容

以四川省绵阳市建成区及部分郊区为研究对象，以低分辨 AVHRR 影像、中等分辨 TM/ETM + 遥感影像、高分辨 Quick Bird 影像和研究区内大比例地形图与相关统计资料为数据支撑。借鉴景观生态学的相关理论与方法，对 1988—2011 年 23 年间快速城市化过程中的城市热环境时空演变规律及不同季节城市热环境的变化特征进行分析和研究，并对典型城市景观的热环境效应进行分析，建立回归模型。最后，对绵阳城市热环境演变的驱动机制及对策进行探讨。其主要内容归纳为以下四个方面：

1. 地表温度反演

地表温度是反映地表热能的主要因子，是衡量城市热环境状况的重要指标，其反演精度的好坏将直接决定后续分析的可靠性。在完成当前地表温度反演算法评述的基础上，结合研究区实际情况，利用 TM/ETM + 第六波段和 AVHRR 第四、第五波段数据反演陆地表面温度数据，为后续分析研究奠定数据基础。

2. 多源遥感数据支持的城市热环境特征描述

城市热环境是城市生态环境的重要组成部分，是衡量城市人居环境质量的重要参数之一。借鉴景观生态学理论，引入景观空间格局指数，以 TM/ ETM + 遥感影像为数据源，对绵阳城市热环境的年际和季节变化特征进行分析，并利用 AVHRR 数据对绵阳城市热环境的昼夜变化特征进行研究。

3. 城市景观的热环境效应分析

利用 TM 影像配合同时期的 Quick Bird 影像进行典型城市景观的热环境效应分析。在参考城市土地利用分类标准的基础上，利用 Quick Bird 影像，采用决策树算法结合目视解译完成城市景观信息提取。并针对河流廊道景观、绿地景观和城市公园景观的热环境效应进行定量研究。

根据以上研究内容确定研究的技术路线如图 1-3 所示。

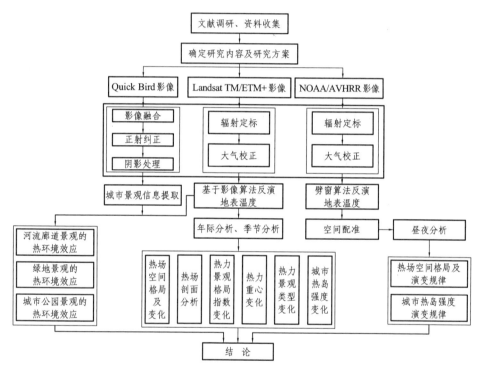

图 1-3 研究的技术路线

第 2 章 数据源及数据处理

研究涉及数据源主要包括以下几种类型：

（1）遥感影像数据：① 高分辨率 Quick Bird 影像数据 1 个时相，时间为 2007 年 5 月；② 中等分辨率的 Landsat TM/ETM + 数据 6 个时相，轨道号 129/38，投影类型均为 UTM 48N 带，椭球体及基准面均为 WGS 84；③ 低分辨率的 NOAA/AVHRR 数据共 24 个时次。

（2）矢量数据：绵阳 1∶1 万电子版地形图，格式为 AutoCAD 的 DWG 文件；平面直角坐标系为 80 西安坐标系；1985 年国家高程基准，基本等高距 5 m；绵阳规划道路网图等。

（3）其他数据：绵阳市行政区划图和绵阳市年鉴（2001—2010 年）以及相关的图片和文字材料等。

本研究的核心数据是 Quick Bird 数据、Landsat 5 的 TM 数据和 Landsat 7 的 ETM + 数据以及 NOAA/AVHRR 数据。下面将几种不同类型的遥感数据进行简要介绍。

2.1 卫星与传感器

2.1.1 Quick Bird 卫星

2001 年 10 月 18 日美国 Digital Globe 公司在美国范登堡空军基地成功发射 Quick Bird 卫星。它是 2007 年以前唯一能够提供亚米级分辨率影像的商业卫星，星下点空间分辨率达到 0.61 m，空间分辨率与同时期其他的商业高分辨率影像相比高出 2 ~ 10 倍。Quick Bird 卫星能够高效、精确、大范围地获取地面高清晰影像，在高分辨率卫星中它的条带最宽、线存储容量最大。绵阳市建成区部分 Quik Bird 遥感影像如图 2-1 所示，Quick Bird 卫星的技术参数见表 2-1。

图 2-1 绵阳市建成区部分 Quik Bird 遥感影像图

表 2-1 Quick Bird 卫星参数（中国遥感卫星地面站）

成像方式	推扫式扫描成像方式	
传感器	全色波段	多光谱
分辨率	0.61 m（星下点）	2.44 m（星下点）
波长	450~900 nm	蓝：450~520 nm
		绿：520~660 nm
		红：630~690 nm
		近红外：760~900 nm
量化值	16 bit or 8 bit	
星下点成像	沿轨/横轨迹方向（＋/−25°）	
立体成像	沿轨/横轨迹方向	
辐照宽度	以星下点轨迹为中心，左右各 272 km	
成像模式	单景 16.5 km×16.5 km	
条带	16.5 km×165 km	
轨道高度	450 km	
倾角	98°（太阳同步）	
重访周期	1~6 天，取决于纬度高低	

本研究中使用的 Quick Bird 影像，订购于美国 Digital Global 公司。最终获得的是一组捆绑数据。数据是 Geotiff 格式，数据等级为预正射标准级（OrthoReady standard），完成了辐射校正、传感器和卫星平台引起的误差校正，投影坐标系是 WGS 84 UTM，可通过 ENVI、ERDAS 等专业软件进一步处理使用。

2.1.2 Landsat 卫星和 TM/ETM + 传感器

1972 年 7 月 23 日美国发射了第一颗地球资源技术卫星（梅安新等，2001）并把遥感影像产品向世界各国提供，几年后地球资源技术卫星更名为"陆地卫星"（Landsat）。至此之后美国陆续发射多颗陆地卫星。Landsat 5 和 Landsat 7 也分别于 1984 年 3 月 1 日和 1999 年 4 月 15 日成功发射（张兆明等，1993）。它们在高约 705 km 的近圆形太阳同步轨道上运行，辐射宽度为 185 km，运行一周需 99 分钟，覆盖全球一次则需要 16 天。Landsat 5 上带有专题绘图仪 TM（Thematic Mapper），有 7 个工作波段，其中包含可见光、近红外和热红外波段。Landsat 7 上带有增强-加型专题绘图仪 ETM +（Enhanced Thematic Mapper Plus），除具有 TM 传感器 7 个波段外，还增加了一个全色波段。TM 和 ETM + 数据是应用最广泛的地球观测数据之一。目前，它们在资源探测和环境监测方面都已得到成功应用。TM 与 ETM + 传感器各波段信息特征如表 2-2 所示。由于 TM 和 ETM + 各个波段的特性不同，所以在实际应用时它们有着不同的用途（朱亮璞，1994；梅安新等，2001；张金区，2006）。

表 2-2 TM/ETM + 影像波段信息特征（梅安新，2001）

波段序号	TM 波长范围/μm	ETM + 波长范围/μm	波段名称	地面分辨率/m	光谱信息识别特征及实用范围
1	0.45 ~ 0.52	0.45 ~ 0.52	蓝色	30	能反映岩石中铁离子叠加吸收光谱，为褐铁矿、铁帽特征识别谱带，但因大气影响影像分辨率较差
2	0.52 ~ 0.60	0.53 ~ 0.61	绿色	30	植被的分布范围和生长密度可以得到较好的反映。该波段可以用于区分植物类别，评价植物的生产力。同时对水体有一定的穿透力

续表

波段序号	TM 波长范围/μm	ETM + 波长范围/μm	波段名称	地面分辨率/m	光谱信息识别特征及实用范围
3	0.63～0.69	0.63～0.69	红色	30	对水体有一定的穿透能力,能够反映泥沙含量和水下地貌。为叶绿素的主要吸收波段,健康植物色调较深,而病害植物或伪装的枯树等则呈浅色调。裸地、土壤、岩性、地层、构造、地貌等的成像清晰,色调层次多,信息量丰富,可进行岩性和地质构造解译
4	0.76～0.90	0.78～0.90	近红外	30	位于植被的高反射区,植物信息量丰富。可用于测定生物量和作物长势、区分植被类型,绘制水体边界、探测水中生物的含量和土壤湿度
5	1.55～1.75	1.55～1.75	短波红外	30	位于两个水体吸收带之间。对植物、土壤含水量敏感,可用作植被含水量测算,也可用于区分雪和云
6	10.40～12.50	10.40～12.50	热红外	60/120	是探测地球表面不同物质自身热辐射的主要波段,可用于研究区域岩浆活动和人类有关的地表热能变化。也被用于地表温度反演与制图,监测城市热环境动态变化、岩石识别和找矿等方面的研究
7	2.08～2.35	2.09～2.35	短波红外	30	是众多矿物反射波谱的高峰段,能够很好地区分岩石类型。同时因位于水的强吸收带,水体为黑色,可用于鉴别城市土地利用类型
PAN	N/A	0.52～0.90	全色波段	15	是 Landsat7 ETM + 传感器上特有的,相比其他波段的空间分辨率更高,与其他波段融合可以获得更加丰富的信息。它常被用于地面几何特征获取

2.1.3 NOAA 卫星和 AVHRR 传感器

NOAA（National Oceanic and Atmospheric Administration，美国国家海洋大气局）系列卫星已发展到美国的第五代太阳同步轨道气象环境监测业务卫星。三轴稳定，对地定向观测，平均轨道高度为 833～870 km，卫星倾角 98.739°，运行周期约 102 分钟，每天绕地球飞行 14.2 圈，能够实现每 24 小时可见光通道覆盖全球 1 次，红外通道覆盖全球 2 次。

NOAA 系列卫星携带有改进的甚高分辨率扫描辐射计（Advanced Very High Resolution Radiometer，AVHRR），用以获得图像资料。AVHRR 选用可见光-热红外（0.58～12.5μm）5 个波段，其中，TIROS-N（Television and Infra Red Observation Satellite，电视与红外线观测卫星，N 为卫星序号）~ NOAA 14 所携带的 AVHRR/2 见表 2-3，NOAA 15 之后所携带的 AVHRR/3 见表 2-4。CH1 为可见光通道，CH2 和 CH3A 为近红外通道，接收来自下垫面对太阳的反射；CH3、CH3B 为中红外通道，CH4、CH5 为热红外通道；传感器的辐射量化等级为 10 bit。探测器扫描角为 ±55.4°，相当于探测地面 2 800 km 宽的带状区域，星下点地面分辨率约为 1.1 km。近几年，NOAA 系列运行着多颗卫星，本研究选用了 NOAA12、NOAA16、NOAA17、NOAA18 的数据。

表 2-3　AVHRR/2 的光谱通道特性（董超华，1993）

通道序号	波长范围/μm		主要用途
	4 通道 AVHRR	5 通道 AVHRR	
CH1	0.58～0.68	0.58～0.68	白天，确定云、陆/海边界、冰雪覆盖状况，植被
CH2	0.725～1.10	0.725～1.10	
CH3	3.55～3.93	3.55～3.93	计算海面温度、云顶温度和高度，云量，地表温度和湿度，火灾
CH4	10.5～11.5	10.3～11.3	
CH5	—	11.5～12.5	

表 2-4 AVHRR/3 的光谱通道特性（董超华，1993）

通道序号	波长范围/μm	星下点 分辨率/km	反射率（%）范围或 最高温度（K）	计数值范围
CH1	0.58 ~ 0.68	1.09	0 ~ 25/26 ~ 100	0 ~ 500/501 ~ 1 000
CH2	0.725 ~ 1.00	1.09	0 ~ 25/26 ~ 100	0 ~ 500/501 ~ 1 000
CH3A	1.58 ~ 1.64	1.09	0 ~ 12.5/12.6 ~ 100	0 ~ 500/501 ~ 1 000
CH3B	3.55 ~ 3.93	1.09	335（K）	—
CH4	10.3 ~ 11.3	1.09	335（K）	—
CH5	11.5 ~ 12.5	1.09	335（K）	—

2.2 Quick Bird 影像数据处理

　　遥感数字图像处理是指用计算机对遥感数字图像的操作和解译，它是遥感应用分析中十分重要的部分（赵英时等，2003；汤国安等，2004）。数字图像由一系列像元组成，每个像元由其亮度值（Digital Number，DN）表示。由于遥感数据具有多时相、多平台和多传感器等特点，获取的原始影像不能满足研究的要求。为了能够获取更多有价值的信息，必须对图像做预处理工作。这个过程涉及众多数学模型、算法和软件，最终采用何种算法、用什么软件完成相关操作，完全依赖于研究人员的应用目标。

2.2.1 影像融合

　　近年来随着遥感技术的飞速发展，遥感影像分辨率不断提高的同时其数据量也在大幅度增加。然而，由于成像原理和技术条件的限制，任何一种单一传感器的遥感数据都不能全面、客观地表达目标对象的特征。在实际应用的过程中若能将多种不同特征的数据相结合，发挥各自的优势，就可能更全面、更真实地刻画目标信息，为研究者解译和分析提供强有力的支持。

　　基于上述背景，影像融合（Image Fusion）技术应运而生。它侧重于把在时间（空间）上互补的数据，按照一定的算法进行处理，获得比任何一个单一数据更准确、更丰富的目标信息。高分辨率全色影像和低分辨率多光谱影像融合是目前遥感影像融合技术应用的主流（许辉熙，2008）。这样使融合后的影像同时具备高空间分辨率和丰富的光谱信息，达到影像增强的目的。

　　影像融合算法是当前研究的热点，学者们先后提出了一些应用性较强的算法，如 HIS 变换融合法（Harris，1990）、主成分变换（PCA）融合法（Ehlers，1991）等，并且一些经典的算法已经被集成到 ERDAS、ENVI 等遥感影像处理软件中。许辉熙（2008）针对 ETM+ 和 Quick Bird 影像，利用熵、偏差和相关系数三个评价指标，对 PCA 变换、Gram-Schmid 变换、Brovey 变换和 HSV 变换四种算法进行评价。评价结果表明：经 PCA 变换和 Gram-Schmid 变换后影像不但质量较好而且多光谱信息丰富，而 Brovey 变换和 HSV 变换后影像质量较差。因此，本书以 ERDAS 8.7 版本软件为影像处理平台，采用 PCA 变换算法进行融合处理。以 Quick Bird 影像为例，首先完成对 Quick Bird 影像多光谱数据的去霾处理，以降低图像的模糊度，然后进行影像融合处理。具体操作流程如下：启动 ERDAS 8.7 版本软件→Main→Image Interpreter→Spatial Enhancement→Resolution Merge（见图2-2）。Resolution Merge 中参数设置如下：A 为高分辨影像数据源；B 为多光谱数据源；C 为输出文件名称；D 为影像融合算法；E 为重采样算法；F输出数据选项。融合处理后的效果如图 2-3 所示。

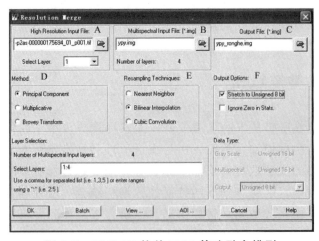

图 2-2　ERDAS 软件 PCA 算法融合模型

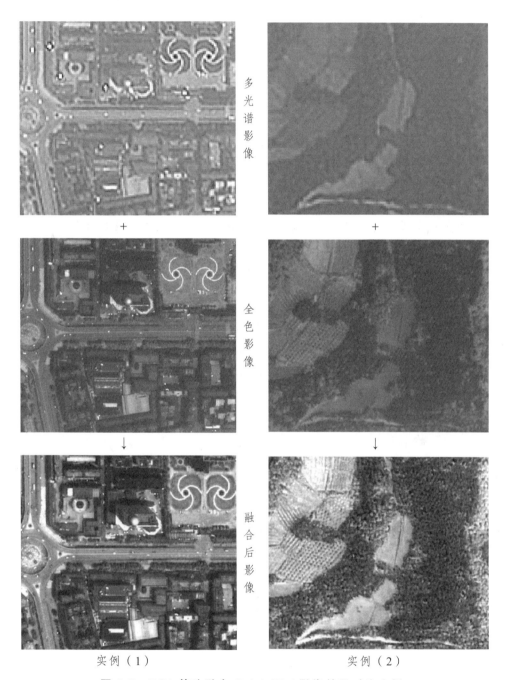

多光谱影像

全色影像

融合后影像

实例（1）　　　　　　　　　　　实例（2）

图 2-3　PCA 算法融合 Quick Bird 影像效果对比实例

2.2.2 正射纠正及阴影处理

1. 正射纠正

卫星遥感影像属中心投影，除需消除传感器倾斜、地形起伏等所引起的像点位移误差外，必须对遥感影像数据进行正射纠正。这样才能保证我们获得的坐标是真正意义上的真实坐标（党安荣等，2003）。

准确获取地面控制点的三维坐标是保证纠正精度的关键。控制点坐标的获取方法较多，如在传统的大比例尺地形图上获取、通过动态 GPS（RTK）进行实地测量等。研究中所涉及的控制点数据主要来源于全国第二次土地调查的相关资料。由于研究中使用的遥感影像均为 UTM 投影和 WGS—84 坐标系，而对其纠正矢量和 DEM 所需数据的坐标系均是高斯投影西安 80 坐标系，如果直接进行纠正，往往得到的效果不理想。所以在实际操作过程中，一般将所需 DEM 和矢量数据转换到 UTM 投影和 WGS—84 坐标系下，然后进行正射纠正，这样可以保证较高的纠正精度（赵丽荣等，2003；许辉熙，2008）。针对 Quick Bird 影像正射纠正，ERDAS 软件集成的是 RPC（Rational Polynomial Coefficients，有理多项式模型）模型。本书中仅针对 Quick Bird 影像进行正射纠正，TM/ETM + 用于地温反演和建成区范围等信息的提取，因此无需进行正射纠正。下面简要介绍利用 ERDAS 软件完成 Quick Bird 影像正射纠正的相关步骤。

（1）数据准备。

研究区 Quick Bird 影像数据，等级为预正射产品；正射纠正的控制点和检查点从 1∶1 万比例尺地形图上获取；研究区数字高程模型（DEM）是在 ArcGIS 软件中完成，并将 DEM 数据转换成 ERDAS 的 IMG 格式文件，以保证正射纠正时自动获取地面高程信息。

（2）正射纠正的实现。

① 首先启动 ERDAS 软件中的 Set Geometric Model 几何纠正模块，然后选择 Quick Bird RPC 正射纠正模型。

② 参数设置。启动 Quick Bird RPC 选项后即进入 RPC 参数设置项，其中 RPC File 为 RPC 参数来源文件；Polynomial Order 选项为纠正模型的多项式次数；Elevation File 为 DEM 数据来源。

③ 采集地面控制点与精度控制。地面控制点一般选取道路交叉点、河

流岔口和建筑边界等。由于本次正射纠正的控制点选自 1∶1 万比例尺地形图，而地形图实测时间和影像的获取时间存在一定的差异，所以在精度控制方面要求总均方差（RMS）不超过 10 个像元，折算成实际距离为 6.1 m，这样的精度完全可以满足研究要求（章皖秋等，2011）。

④ 执行正射纠正。执行正射纠正前，首先需要设置输出文件的路径和名称，然后重采样方法选择双线性插值法，同时将影像分辨大小设置为 0.61 m。

2. 阴影处理

当太阳光照射地面时，照到的区域是可见的，未照到的区域则不可见，于是便产生了阴影。阴影的产生与成像技术和天气状况等客观因素密切相关。一般而言，高分辨率遥感影像在成像过程中，都会产生阴影现象。它的存在将对影像分类和解译的准确程度产生一定的影响。因此，在利用高分辨影像分类前必须进行阴影去除处理，以提高影像的分类精度。针对上述问题，本书选择杨俊等（2008）提出的算法对阴影进行去除处理，该算法简单可操作性强。操作流程如下：首先，将 Quick Bird 影像变换至 HSI 空间，因为阴影区域具有低亮度值和高饱和度的特性，采用数学形态学对其进行运算，获得高精度的阴影区域；然后，分别对 H、S、I 分量图上的阴影区域与其邻近的非阴影区域进行匹配补偿处理；最后，变换回 RGB 空间，完成阴影去除操作。

2.3 TM/ETM + 的地表温度反演

本书中使用的大部分 TM/ETM + 遥感数据下载于国际科学数据服务平台网站，仅 2011 年 TM 数据购于中国科学院对地观测与数字地球科学中心。所有数据均为 Geotiff 格式，有空间坐标，且投影类型为 UTM 48N 带，椭球体及基准面均为 WGS—84。因此，在反演地温前除进行辐射校正外，无需其他预处理工作。表 2-5 为 TM/ETM + 影像元数据。

表 2-5　绵阳市 TM/ETM＋影像元数据列表

日　　期	传感器类型	中心经纬度/°	太阳高度角/°	太阳方位角/°
1988.05.01	TM	104.86E，31.74N	59.00	116.00
2000.11.02	ETM＋	104.90E，31.74N	39.57	154.36
2001.05.13	ETM＋	104.87E，31.74N	64.95	116.59
2003.01.27	ETM＋	104.91E，31.74N	33.01	148.10
2007.05.06	TM	104.90E，31.74N	64.48	116.46
2011.05.17	TM	104.93E，31.75N	65.51	114.62

2.3.1　辐射校正

遥感成像需经历辐射—大气层—地球表面—大气层—传感器的复杂过程，在此过程中由于太阳位置、地形、大气等众多因素的联合影响，遥感器所接收到的测量值和目标物的辐射能量是不一致的，常常会引起光谱亮度的失真，而失真往往会影响研究人员对影像的判读和解译，因此必须进行减弱或消除。这种消除图像数据中依附在辐射亮度里的各种失真的过程称为辐射校正（radiometric correction）（赵英时等，2003）。一般而言，辐射校正主要包括辐射定标(radiometric calibration)和大气校正(atmospheric correction ）两个步骤（许辉熙，2008）。

1. 辐射定标

对于 TM 和 ETM＋影像数据，根据波段光谱辐射亮度进行辐射定标的模型如公式 2-1（TM）和 2-2（ETM＋）所示（池宏康，2005；徐涵秋，2007）：

$$L_\lambda = L_{\min\lambda} + Q_\lambda \times (L_{\max\lambda} - L_{\min\lambda}) / Q_{\max} \tag{2-1}$$

$$L_\lambda = L_{\min\lambda} + (Q_\lambda - Q_{\min}) \times (L_{\max\lambda} - L_{\min\lambda}) / (Q_{\max} - Q_{\min}) \tag{2-2}$$

式中，λ 为波段值；L_λ 为像元在传感器处的光谱辐射值；Q_λ 为以 DN 表示的量化标定后的像元值；$Q_{\max}$ 为 8 位 DN 值的理论最大值；$Q_{\min}$ 为 8 位 DN

值的理论最小值。对于 Landsat 7 的 Level 1 产品，美国宇航局的 LPGS 系统和美国地质调查局的 NLAPS 系统的取值有所差异，前者取值为 1；后者的 $Q_{\min}$ 在 2004 年 4 月 5 日之前取值为 0，之后取值为 1。本研究中，$Q_{\min}$ 的取值方法是参照美国地质调查局 NLAPS 系统的要求完成；$L_{\max\lambda}$ 为根据 $Q_{\max}$ 拉伸的最大光谱辐射值；$L_{\min\lambda}$ 为根据 $Q_{\min}$ 拉伸的最小光谱辐射值。$L_{\min\lambda}$ 和 $L_{\max\lambda}$ 可在数据头文件中获得。辐射定标的相关操作可以在 ENVI 软件中完成（李小娟等，2008）。

2. 大气校正

就被动遥感而言，遥感影像辐射值受大气的影响主要包括两方面：一方面，由于大气层的散射和吸收作用，导致传感器接收到的来自地物目标辐射能量在传输过程有所降低；另一方面，由大气反射和散射形成的路径辐射与地物目标辐射混合在一起共同进入探测器，致使辐射量失真。所以大气校正显得尤为重要。然而，由于不同传感器的性能和参数差异较大，因此由不同传感器所获得的数据在大气校正的方法上和模型的选择上也有所不同。

目前，国内外针对 TM/ETM + 遥感数据进行大气校正的方法主要包括：辐射传输方程求解法、地面波谱实测数据回归校正法、直方图最小值去除法和基于图像的 DOS 模型及其改进版 COST 模型法（王静等，2006；仇文侠，2009）。COST 模型法所需参数容易获取，操作简单。尽管它成立的条件是基于大气辐射传输过程的某些假设，但其精度完全能够满足本研究的要求。已有研究发现 COST 模型法校正数据适宜进行植被遥感研究（王静等，2006；宋巍巍等，2008）。故本研究选择 COST 模型完成 TM/ETM + 影像的第 1～5 波段和第 7 波段的大气校正，第 6 波段（热红外波段）的大气校正已经包含在地表温度反演模型中。

COST 模型是 Chavez（1988，1996）提出的，它是基于图像的大气参数估算方法，其实质是利用传感器光谱辐射值（完成辐射定标）减去大气层光谱辐射值。原理见下式：

$$LI_{\text{haze}} = LI_{\min} - LI_{1\%} \tag{2-3}$$

式中，LI_{haze} 代表大气层光谱辐射值；$LI_{\min}$ 为传感器各波段最小光谱辐射值；$LI_{1\%}$ 代表反射率为 1% 的黑体辐射值（Moran et al.，1992）。

遥感器的最小光谱辐射值 LI_{min} 的计算模型见下式：

$$LI_{min} = LMINI + QCAL \times (LMAXI - LMINI)/QCALMAX \qquad (2\text{-}4)$$

式中，QCAL 为每一波段最小亮度值；QCALMAX 为最大亮度值取 255；LMAXI、LMINI 为常数，指传感器光谱辐射值的上限和下限，这些数据可由头文件中获取。

黑体辐射值 $LI_{1\%}$ 的算法如下式：

$$LI_{1\%} = 0.01 \times ESUNI \times \cos^2(SZ)/(\pi \times D^2) \qquad (2\text{-}5)$$

式中，$LI_{1\%}$ 为假设黑体反射率为 1% 各波段的黑体辐射值；ESUNI 为大气顶层太阳辐照度，表 2-6 为遥感权威单位定期公布的大气顶层太阳辐照度；SZ 为太阳天顶角，算法参见公式（2-6）；D 为日地天文单位距离，算法参见公式（2-7）。

表 2-6　大气顶层太阳辐照度 ESUNI　　单位：W/（m².μm）

数据类型	B1	B2	B3	B4	B5	B7
TM（Landsat5）	1957	1829	1557	1047	219.3	74.52
ETM＋（Landsat7）	1969	184	1551	1044	225.7	82.07

$$SZ = 90° - \theta \qquad (2\text{-}6)$$

式中，θ 是太阳高度角，可从元数据或头文件中获取。若获取遥感数据源中无太阳高度角数据，可以根据公式（2-8）计算获得（王国安等，2007；张闯等，2010）。

$$JD = 367 \times year - int(7 \times (year + int((month + 9)/12))/4) +$$
$$int(275 \times month/9) + date + 1\,721\,013.5 + GMT/24 \qquad (2\text{-}7)$$
$$D = 1 - 0.016\,74\cos(0.985\,6 \times (JD - 4) \times 3.141\,592\,6/180)$$

式中：JD 为儒略日；year、month、date 分别为遥感影像接收年、月、日；GMT 为世界时；int 是取整数函数，关于 SZ、JD 和 D 的计算结果参见表 2-7。

$$\sin\theta = \sin\varphi \times \sin\delta + \cos\varphi \times \cos\delta \times \cos\Omega \qquad (2\text{-}8)$$

式中，φ 为纬度，取一位小数；δ 为太阳赤纬，可从《地面气象观测规范》中获得；Ω 为太阳时角，$\Omega = (TT - 12) \times 15°$[TT 是真太阳时，$TT = G_T + L_C + E_Q$,

其中 G_T 是北京时，L_C 为经度订正（4 min/°），若地方子午圈在北京子午圈东取正，相反则取负]；E_Q 为时差。TM/ETM + 遥感数据大气校正的相关参数列于表 2-8 ~ 表 2-10。

表 2-7　TM/ETM + 数据技术参数

数据类型	接收时间	太阳天顶角（SZ）/°	儒略日（JD）	日地距离（D）
TM	19880501	31.00	2 447 282.50	0.99
	20070506	25.52	2 454 226.50	1.00
	20110517	114.62	2 455 698.50	0.99
ETM +	20001102	50.43	2 451 850.50	1.01
	20010513	25.05	2 452 042.50	0.99
	20030127	56.98	2 452 666.50	0.99

表 2-8　每一波段最小光谱辐射值　单位：（W/m².sr.um）

波段	LI_{min}（ETM +）	LI_{min}（TM）
B1	− 5.42	− 0.76
B2	− 5.21	− 1.40
B3	− 4.38	− 0.13
B4	− 4.46	− 0.64
B5	− 0.87	− 0.25
B7	− 0.31	− 0.08

表 2-9　每一波段黑体辐射值　单位：（W/m².sr.um）

波段	$LI_{1\%}$（ETM +）			$LI_{1\%}$（TM）		
	20001102	20010513	20030127	19880501	20070506	20110517
B1	2.48	5.26	1.90	4.70	5.05	5.27
B2	0.23	0.49	0.18	4.39	4.72	4.92
B3	1.95	4.14	1.49	3.74	4.02	4.19
B4	1.31	2.79	1.01	2.51	2.70	2.82
B5	0.28	0.60	0.22	0.53	0.57	0.59
B7	0.10	0.22	0.08	0.55	0.19	0.20

表 2-10　大气层光谱辐射值　　　单位（W/m². sr.um）

波 段	LIhaze（ETM＋）			LIhaze（TM）		
	20001102	20010513	20030127	19880501	20070506	20110517
B1	－7.90	－10.68	－7.32	－5.46	－5.81	－6.02
B2	－5.44	－5.70	－5.39	－5.79	－6.12	－6.32
B3	－6.33	－8.52	－5.87	－3.87	－4.15	－4.32
B4	－5.78	－7.25	－5.47	－3.15	－3.34	－3.46
B5	－1.16	－1.48	－1.09	－0.78	－0.82	－0.84
B7	－0.41	－0.53	－0.39	－0.63	－0.28	－0.29

　　经过上述计算即完成 TM/ETM＋影像反射波段大气校正工作。图 2-4
展示了 2007 年 TM 遥感影像第 3 波段辐射校正前、后效果。分析发现辐射
校正后像元的 DN 值普遍增大。

57	54	54	54	55
58	56	59	56	55
59	58	57	58	57
55	56	57	57	55
55	55	55	55	54

（a）辐射校正前影像示例（左）及 DN 值（右）

58.10	54.98	54.98	54.98	56.02
59.14	57.06	60.18	57.06	56.02
60.18	59.14	58.10	59.14	58.10
56.02	57.06	58.10	58.10	56.02
56.02	56.02	56.02	56.02	54.98

（b）辐射校正后影像示例（左）及 DN 值（右）

图 2-4　2007 年 TM 影像第 3 波段辐射校正前后对比

利用 COST 模型完成大气校正后，计算各个波段地面反射率，其数学模型如下：

$$\rho = \pi \times D^2 \times (LsatI - hazeI)/ESUNI \times \cos^2(SZ) \qquad (2\text{-}9)$$

式中：ρ 表示地面反射率；D 为日地天文单位距离；LsatI 为传感器光谱辐射值，即大气顶层的辐射能量；LhazeI 为大气层辐射值。

2.3.2 亮温反演

辐射校正工作完成后即可进行地温反演操作。以 2007 年 5 月 6 日 TM 遥感影像为例，介绍基于影像算法的地温反演的一般流程。由于大多数传感器探测到的是城市下垫面的辐射温度（亮度温度，简称亮温），而这种辐射温度是将地物作为黑体，且没有经过大气校正，以像元为单位的平均地面温度，并非实际意义的地温。由于城市范围往往是非常有限的，其水汽状况近似一致，所以部分学者认为可直接用亮温研究城市热环境（孙天纵等，1995；陈云浩等，2002；但尚铭等，2011）。而另一部分学者则认为，亮温不具有温度的物理意义，致使其与地物真实温度相差甚大。因此，只能做一些简单的对比分析。如果在城市热环境的研究中用亮温代替地温，将会使结果产生较大误差（王天星等，2007）。基于以上分析，利用亮温对城市热环境进行深入研究会存在较明显的差异。因此，本书以地温为指标研究城市热环境状况。

对于亮温的计算，本书采用如下模型：

$$T = K_2/\ln(1 + K_1/L_\lambda) \qquad (2\text{-}10)$$

使用 ETM + 热红外波段进行亮温反演时采用 Band6_2 波段。式中，T 为亮温（K）；K_1 和 K_2 为发射前预设的常量[对于 ETM + 第 6 波段，$K_1 = 666.09$ W/（$m^2 \cdot sr \cdot \mu m$），$K_2 = 1\,282.71$ K；对于 TM 影像的第 6 波段，$K_1 = 607.76$ W/（$m^2 \cdot sr \cdot \mu m$），$K_2 = 1\,260.56$ K]；L_λ 是经过辐射定标和大气校正之后的第 6 波段热辐射强度。图 2-5 为绵阳市 2007 年建成区范围内亮温分布图。

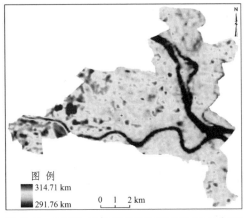

图 2-5　2007 年绵阳市建成区亮温分布图

2.3.3　地表比辐射率的估算

地表比辐射率反映地表向外辐射电磁波能力的大小，是反演地温的关键参数，它的大小取决于地表物质的表面状态、物理性质以及遥感传感器接收电磁波的波长区间。已有研究认为，若地表比辐射率相差 0.01，在地温反演过程中将会产生 1K 左右的误差（张仁华，1999）。由此可见，精确估算地表比辐射率是反演高精度地温的前提条件。

目前，估算地表比辐射率的方法主要有：NDVI 法、根据最大比辐射率和最小比辐射率差值与地表比辐射率的统计关系估算地表比辐射率、利用多时相数据确定地表比辐射率（郑文武等，2010）。其中 NDVI 法是应用最为广泛的一种方法，而且其估算精度也相对较高（丁凤等，2008；郑国强等，2010）。在城市范围内对于 TM/ETM + 影像而言存在混合像元，结合实际情况近似认为它们是水体、建成区和自然表面的混合体，混合像元也仅仅是成分和构成比例的差异。结合前人的研究经验，本书采用如下方法估算研究区地表比辐射率：首先将影像划分为水体、建成区和自然表面3 类，然后结合已有的纯净像元比辐射率研究成果（Jiménez et al.，2003；Sobrino et al.，2001，2004），将水体像元比辐射率的值赋为 0.995，自然表面和建成区地表比辐射率的估算采用下式完成：

$$\varepsilon_{\text{surface}} = 0.962\,5 + 0.061\,4FV - 0.046\,1FV^2 \tag{2-11}$$

$$\varepsilon_{\text{build-up}} = 0.958\,9 + 0.086FV - 0.067\,1FV^2 \tag{2-12}$$

式中，$\varepsilon_{\text{surface}}$ 代表自然表面像元的比辐射率；$\varepsilon_{\text{build-up}}$ 代表建成区像元的比辐射率；FV 代表植被覆盖度，由下式计算获得

$$FV = (\text{NDVI} - \text{NDVI}_\text{S})/(\text{NDVI}_\text{V} - \text{NDVI}_\text{S}) \tag{2-13}$$

式中，NDVI 代表归一化植被指数，由式（2-14）计算获得；$\text{NDVI}_\text{V} = 0.70$、$\text{NDVI}_\text{S} = 0.05$，并且规定当 NDVI > 0.70 时，$FV = 1$；当 NDVI < 0.05 时，$FV = 0$。

$$\text{NDVI} = (\rho_4 - \rho_3)/(\rho_4 + \rho_3) \tag{2-14}$$

式中，ρ_3 和 ρ_4 分别代表 Band3、Band4 波段地表反射率。图 2-6 为绵阳市 2007 年建成区范围内地表比辐射率分布图。

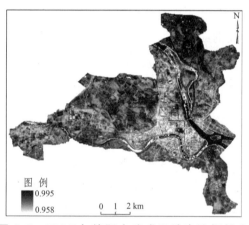

图 2-6 2007 年绵阳市建成区地表比辐射率

2.3.4 地表温度反演

目前利用 TM/ETM + 热红外波段反演地温的算法主要有：辐射传输方程法（Sebrino et al.，2004；丁凤等，2006）、单窗算法（覃志豪等，2001；Qin et al.，2001）和基于影像的算法（IB 算法）（Artis et al.，1982）等。

1. 辐射传输方程法

辐射传输方程法（Radiative Transfer Equation，简称 RTE 法），又称为

大气校正法。该方法的基本思路是：首先根据和卫星同步的实测大气探空数据或者大气模型估计大气对地表热辐射的影响，然后从卫星传感器所观测到的热辐射总量中减去这部分大气影响，就可以得到地表热辐射强度，最后把这一热辐射强度转化为相应的地温。其模型可表示为

$$I_{sensor} = [\varepsilon B(T_s) + (1-\varepsilon)I^\downarrow_{atm}]\tau + I^\uparrow_{atm} \qquad (2\text{-}15)$$

式中，I_{sensor} 为卫星高度上传感器测得的辐射强度（$W \cdot m^{-2} \cdot sr^{-1} \cdot \mu m^{-1}$）；$\varepsilon$ 为地表辐射率；$B(T_s)$ 为由 Plank 定律推导得到的黑体热辐射强度，其中 T_s 为地温（K）；$I^\downarrow_{atm}$ 是大气下行热辐射强度，$I^\uparrow_{atm}$ 为大气上行热辐射强度；τ 是大气透射率。$I^\downarrow_{atm}$、$I^\uparrow_{atm}$ 和 τ 可以根据实时大气剖面探空数据进行模拟求解。因此，针对上述模型只需要知道地表比辐射率 ε 就可以求解 $B(T_s)$，进而获得地温（Chander et al.，2003）。

辐射传输方程法不但计算过程复杂，而且为了进行大气模拟必须提供比较精确的实时大气剖面数据，然而对于大多数研究而言，这些数据的获得是比较困难的。因此，通常 $I^\downarrow_{atm}$ 和 $I^\uparrow_{atm}$ 是用标准大气剖面数据代替实时大气剖面数据进行模拟估计。这样获得的地温误差较大（覃志豪等，2004）。

2. 单窗算法

单窗算法（Mono-window Algorithm）是覃志豪等人根据地表热辐射传导方程推导出来的。它是适用于仅有一个热红外波段遥感数据的反演方法。在反演模型中直接包含了大气和地表的影响。该算法是在假设地表辐射率、大气透射率和大气平均温度三个参数为已知的条件下完成地温的反演。一般而言，这三个参数都是可以确定的。地表比辐射率与地表构成有关，其算法已经比较成熟，并已在 2.3.3 节中详细介绍；大气透射率和大气平均作用温度可以根据地面附近（高程为 2 m 左右）的大气水分含量或湿度以及平均气温来估计。在大多数情况下，各地方气象观测站均有对应于卫星过境时的这个观测指标的实时数据。实验证明该算法简单易行且反演精度较高，其反演模型如下：

$$T_s = \frac{[a_6(1-C_6-D_6)+b_6(1-C_6-D_6)+C_6+D_6]T_6+D_6T_6}{C_6} \qquad (2\text{-}16)$$

式中，a_6 和 b_6 为回归系数，随着温度范围的变化而不同。例如，在 0 ~ 70 ℃ 时，$a_6 = -67.355\ 35$，$b_6 = 0.458\ 61$；在 0 ~ 30 ℃ 时，$a_6 = -60.326\ 30$，$b_6 = 0.434\ 36$；在 20 ~ 50 ℃ 时，$a_6 = -67.954\ 20$，$b_6 = 0.459\ 87$；T_6 为辐射亮温；$C_6 = \tau_6 \times \varepsilon_6$，$\varepsilon_6$ 为地表比辐射率；$D_6 = (1 - \tau_6)[1 + \tau_6(1 - \varepsilon_6)]$，$\tau_6$ 为大气透射率。

3. 基于影像的算法

Artis 等提出的基于影像的算法（IB 算法）是运用地表比辐射率对辐射亮温进行校正，使之反演成为地温，其反演模型如下：

$$T_s = \frac{T}{1 + (\lambda T / \rho)\ln\varepsilon} - 273.15 \qquad （2\text{-}17）$$

式中，T_s 为地温（℃）；T 为辐射亮温（K）；$\lambda = 11.5\ \mu m$，为有效波谱范围内的最大灵敏值；$\rho = hc/\delta = 1.438 \times 10^{-2}\ mK$；$\delta = 1.38 \times 10^{-23}\ J/K$，为玻尔兹曼常数；$h = 6.626 \times 10^{-34}\ J\cdot s$，为普朗克常数；$c = 2.998 \times 10^8\ m/s$，为光速；$\varepsilon$ 为地表比辐射率，它可以根据植被覆盖度进行计算；273.15 为摄氏温度与开氏温度转换常数。

4. 三种算法的比选

辐射传输方程法计算过程相对较复杂，而且该算法实现质量的好坏取决于大气廓线数据，需要获得和遥感数据同步的大气剖面参数。对于大多数研究而言，实时探空数据较为匮乏，获取难度也相对较大。虽然部分研究曾采用标准大气剖面数据或者非实时数据来代替实时大气数据。但是由于它们与实时探空数据间存在一定的差异，导致根据该模拟结果所反演的地温精度受到一定影响。

单窗算法比大气校正法简单，并且去除了大气模拟误差的影响。该算法中所需参数主要包括大气透过率、大气平均作用温度、大气剖面总水汽含量等，它们可以根据近地面的气温和水汽含量等数据来估计。一般情况下，地方气象站也可以查阅卫星过境时的实时观测资料。单窗算法反演地温的误差主要来源于参数的估计。但是，对于单窗算法而言，获取时间相对久远的大气透射率和大气平均作用温度等参数比较困难。因此，该算法在实际应用的过程中也受到一定程度的制约。迄今为止，以 TM/ETM + 为数据源采用单窗算法反演地温也仅在上海（戴晓燕，2008）、北京（宫阿都等，2005；白洁等，2008）、福州（覃志豪等，2004）、济南（郑国强等，2010）等部分城市得到应用。

基于影像的算法从算法本身的结构上看更加简单，且综合考虑了大气状况与地表比辐射率，并将其融入模型中。该方法应用方便，避免了获取大气透过率、大气平均作用温度、大气剖面总水汽含量等参数的困扰，可执行性强。岳文泽（2008）、梁敏妍等（2011）曾用该算法对上海市和广东省江门市的城市热环境进行了研究，取得较好的效果。

由于本书所选 TM/ETM + 影像数据年份跨度较大，未收集到 1988 年 5 月 1 日卫星过境时的大气透射率和大气平均作用温度等参数，因此，无法采用单窗算法完成地温反演。而本研究的主要目的是评价绵阳城市热环境状况，综合考虑后决定，辐射定标采用公式（2-1）（TM）和公式（2-2）（ETM + ）完成，大气校正和亮温计算分别采用公式（2-3）和公式（2-10）；在计算过程中，若选取的数据源是 ETM + 6，统一选择 Band6_2。通过辐射亮温反演地温时，采用 Artis 等提出的 IB 算法，即公式（2-17）。图 2-7 为 2007 年绵阳市建成区范围内地温分布图。前期研究发现，应用该方法对绵阳市地温进行反演取得的效果较为理想（李海峰等，2012）。

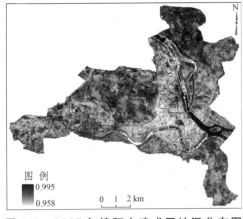

图 2-7　2007 年绵阳市建成区地温分布图

2.4　AVHRR 遥感数据处理

AVHRR 遥感数据的辐射定标、空间投影、区域截图和亮温反演[亮温反演模型如公式（2-18）所示]等工作，在国家卫星气象中心研发的"极轨气象卫星数据处理软件"中完成，该软件已经集成了相关功能，操作简便易行，处理效果较好。完成上述预处理工作的基础上，即可进行地温反演。以 2010 年 3 月 11 日 02：49 数据为例，简要介绍 NOAA/AVHRR 热红外波段反演亮温和地温的原理及步骤。

2.4.1　亮温反演

对于 AVHRR 第 4、5 通道的亮温计算，"极轨气象卫星数据处理软件"是根据普朗克的黑体辐射定律（董超华等，1999）实现，其模型如下：

$$B(\upsilon,T)=\frac{c_1\upsilon^3}{e^{c_2\upsilon/T}-1}\qquad（2\text{-}18）$$

式中，c_1 和 c_2 为玻尔兹曼常数，其大小由实验确定；B 为辐射率；υ 为波数；T 为绝对温度，称为黑体亮度温度（简称亮温）单位为开氏度（K）。为适应表达习惯，把开氏温度转化为摄氏温度。图 2-8 和图 2-9 为 2010 年 3 月 11 日 02：49 分绵阳市研究区 4 波段和 5 波段亮温分布图，利用该数据反演地温。

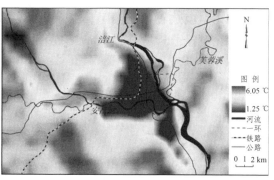

图 2-8　2010.03.11　02：49 绵阳市研究区第 4 通道亮温分布图（北京时）

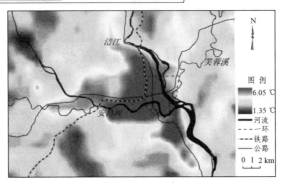

图 2-9　2010.03.11　02：49 绵阳市研究区第 5 通道亮温分布图（北京时）

2.4.2　地表温度反演

目前，针对 AVHRR 数据反演地温的算法主要有劈窗算法和普适性单通道算法。其中，普适性单通道算法适用于各种传感器，该算法除需要计算地表比辐射率外，还需要获取实时的大气水蒸气含量数据。获取这一数据通常较为困难，学者们一般通过标准大气数据或者气象数据来近似地获得大气水蒸气数据，但由此反演地温的精度不高。

相比普适性单通道算法，劈窗算法有其独特的优势。它是根据 Planck 热辐射函数，以 AVHRR 的 4 通道和 5 通道反演所得的亮温为数据源，来反演地温的一种算法。它来源于对地表热传导方程的求解（覃志豪等，2001）。因为地球表面结构的复杂性及大气的影响，在求解传导方程的过程中产生了不同的劈窗算法。

由于利用 AVHRR 数据计算地表比辐射率过程复杂且无法保证精度，所以利用简单算法反演地温。简单算法是把大气及辐射面对热传导的影响作为常数，这样地温与亮温就成正比例关系，而地形条件和大气变化就不会对地温反演产生影响。对比分析后选择 Kerr（1992）等提出的算法反演地温，其模型如下：

$$T_{\mathrm{s}} = P_{\mathrm{v}} T_{\mathrm{v}} + (1 - P_{\mathrm{v}}) T_{\mathrm{bs}} \tag{2-19}$$

式中，T_{v} 为植被的表面温度；T_{bs} 为裸土的表面温度；P_{v} 为植被覆盖度，它可以用如下公式计算获得：

$$P_{\mathrm{v}} = (\mathrm{NDVI} - \mathrm{NDVI}_{\mathrm{bs}}) / (\mathrm{NDVI}_{\mathrm{v}} - \mathrm{NDVI}_{\mathrm{bs}}) \tag{2-20}$$

式中，NDVI 为归一化植被指数，$\mathrm{NDVI}_{\mathrm{v}}$ 为植被的归一化植被指数，$\mathrm{NDVI}_{\mathrm{bs}}$

为裸土的归一化植被指数。在公式（2-19）中，植被和裸土的表面温度计算公式如下：

$$T_v = T_4 + 2.6(T_4 - T_5) - 2.4 \qquad (2\text{-}21)$$

$$T_{bs} = T_4 + 2.1(T_4 - T_5) - 3.1 \qquad (2\text{-}22)$$

式中，T_4 和 T_5 分别代表 AVHRR 的 4 通道和 5 通道的亮温，单位为摄氏度（°C）。图 2-10 为绵阳市 2010 年 3 月 11 日 02：49 研究区范围内地温分布图。对比 4 通道和 5 通道的亮温分布图，地温分布图的温度变化范围更大。

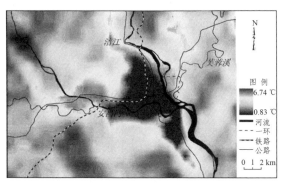

图 2-10　2010.03.11　02：49 绵阳市研究区地温分布图（北京时）

2.4.3　重采样与空间配准

AVHRR 数据的空间配准问题一直是相关研究的重点和难点。卫亚星等（2005）曾提出在 ERDAS 软件中采用多项式模型进行几何纠正。多项式纠正模型的基本思想认为，平移、缩放、旋转、仿射、偏扭、弯曲及更高次的变形综合作用引起图像的变形，对影像变形进行数学模拟。它忽略畸变误差产生的原因，并将误差作为一个整体，然后利用若干个控制点数据建立一个模拟图像几何畸变的数学模型，以此来建立原畸变图像（待纠正图像）空间与标准图像（参考图像）之间映射变换函数。作者进行了相关实验，发现实际操作上该方法并不可行。主要原因在于 AVHRR 星下点空间分辨率仅为 1.1 km，在影像上无法清晰分辨河流、道路等地物的拐点、交叉点。因此，控制点的位置选择往往产生较大误差，而决定多项式几何纠正精度的关键就是控制点位置选择的准确性。通过此方法，纠正后的影像变形严重且各部位变形亦不均匀。

但尚铭等（2009）在研究重庆市城市热岛效应时曾采用平移法完成 AVHRR 数据的空间配准工作，配准后与基础地理要素叠加效果较好。所以本书借鉴该方法完成空间配准。

由"极轨气象卫星数据处理软件"中导出的 AVHRR 数据可以用 ENVI 软件读取。区域截图的数据没有地理坐标，为使反演后的地温数据能够与相关信息叠加进行空间分析，添加了 AVHRR 数据投影信息。首先需在 ENVI 4.6 中为其添加地理坐标，操作步骤如下：File→Edit ENVI Header →Select Input File→Edit Attributes→Geographic Corners，便会出现如图 2-11 所示的添加地理坐标的主界面，分别为 4 个顶点添加地理坐标；然后，转换到 ArcGIS 软件中添加投影信息，该投影信息应与 TM/ETM + 数据相同，从而使 AVHRR 数据获得近似坐标。

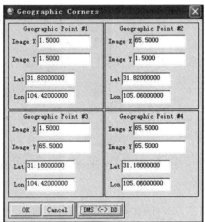

图 2-11　添加地理坐标主界面

通过上述操作便完成了 AVHRR 影像的投影和配准工作。为使生成的图形具有良好的视觉效果，在 ENVI 中对数据进行重采样，使空间分辨率达到百米量级（王茂新等，1997；但尚铭等，2010）。图像重采样的方法主要包括：最邻近像元法、三次卷积法和双线性插值法 3 种。最邻近像元法产生的误差过大，同时容易出现地物不连贯的现象；三次卷积法过于复杂，计算量大、运算时间长，并且具有突出边缘的效果；而双线性插值法则介于两者之间，既能保证足够的精度，又能保证有较快的运算速度，同时由于该方法具有平均化的滤波效果，边缘受到平滑作用而产生一个比较连贯的输出图像。因此，研究中选择双线性插值法。

第 3 章 TM/ETM＋支持的 城市热环境特征描述

3.1 热力景观指数选取

将景观生态学理论引入城市热环境的研究中。构建热力景观格局指数对城市热场的空间分布特征进行分析。景观生态学中的景观格局是指形状和大小不同的景观斑块在空间上的分布和表现。土地利用/覆被方式是景观格局的主要决定因素。城市景观多是人为创造，破碎度较大，自然生态功能严重受损。其功能主要是为人类提供生产与生活的场所。对于景观格局特征描述的方法，主要包括两种，即景观空间格局指数法和空间统计法，其中景观格局指数可以高度概括区域景观格局信息，反映其结构组成和空间分布特征的定量化指标体系（马安青等，2002）。因此，可以采用定量的方法表征生态过程与空间格局的内在关联。此外，景观空间格局指数法还可以进行景观格局分析与功能评价（李奇虎，2009）。

景观空间格局指数包括两部分：景观单元特征指数和景观异质性指数（landscape heterogeneity index）（傅伯杰等，2001）。目前，学者提出的景观格局指数有百种之多（Turner et al.，2001），不同的景观格局指数具有不同的生态学意义，可以通过不同软件获得。由于 Fragstats 软件具有界面友好、操纵简单等特点，众多学者选择应用该软件计算景观格局指数。Fragstats 软件是由美国俄勒冈州立大学森林科学系开发的（邬建国，2000），有矢量和栅格两种版本。其中，矢量版本在 ARC/INFO 环境中运行，接收

ARC/INFO 矢量图层；栅格版本可以接收 ARC/INFO、IDRISI、ERDAS 等多种栅格数据。涉及的景观格局指数将利用 Fragstats3.3 计算获得。

通过对众多景观格局指数生态意义的研究和分析，同时结合已有研究成果（傅伯杰，2001；张慧，2007；史晓雪，2007；许辉熙，2008；陈利顶，2008；金蓉，2009；但尚铭等，2011；但玻等，2011；黄聚聪，2011）以及本书的研究目的，选取 8 个景观格局指数作为评价指标，其中景观单元特征指数 4 个，分别是斑块数量 NP、斑块类型面积 CA、斑块平均面积 MPS、斑块形状指数；景观异质性指数 4 个，分别是破碎度指数 C、多样性指数 SHDI、均匀度指数 SHEI 和优势度指数。

（1）斑块数量（Number of Patches，NP）：

$$NP = n_i \tag{3-1}$$

式中，NP 表示景观中某一斑块类型的斑块总个数，$n_i \geq 1$。

生态意义：NP 反映景观格局的空间结构，被用于描述整个景观的异质性，它的大小与景观破碎度有很好的正相关性。

（2）斑块类型面积（Class Area，CA）：

$$CA = \left(\frac{1}{10\,000}\right) \times \sum_{j=1}^{n} a_{i_j} \tag{3-2}$$

式中，CA 表示某一斑块类型的总面积，单位是公顷（hm^2），CA>0；a_{i_j} 为第 i 类景观的第 j 个斑块的面积，单位是平方米（m^2）；10 000 为 m^2 与 hm^2 之间的转换系数。

生态意义：CA 是计算其他指标的基础。斑块类型面积的大小可以刻画出其间养分、物种和能量等信息流的差异（肖笃宁等，1998）。

（3）斑块平均面积（average patch area）：

$$\overline{A}_i = \frac{1}{N_i} \times \sum_{j=1}^{N_i} a_{i_j} \tag{3-3}$$

式中，N_i 为第 i 类景观的斑块总数，a_{i_j} 为第 i 类景观的第 j 个斑块的面积。

生态意义：$\overline{A}_i$ 反映景观中各斑块类型的聚集或破碎化程度，也可用于指示景观中各类型之间的差异。

（4）斑块形状指数（shape index）：

$$D_i = \frac{p_i}{A_i} \tag{3-4}$$

式中，D_i 为第 i 类斑块的形状指数；P_i 为第 i 类斑块的周长；A_i 为第 i 类斑块的面积。

生态意义：D_i 是反映斑块边界的复杂程度或扁长程度。

（5）破碎度指数（fragmentation index）：

$$C = \frac{\sum N_i}{A} \tag{3-5}$$

式中，A 为区域总面积，$\sum N_i$ 为景观中所有景观类型总斑块数。

生态意义：破碎度指数表征景观被分割的破碎程度，它可以表达景观空间结构的复杂性以及景观结构受人类影响的程度。景观破碎度指数越大，说明景观要素被分割的程度越大，同时也表明人类活动对景观结构影响的程度越大。

（6）香农多样性指数（Shannon's Diversity Index，SHDI）：

$$SHDI = -\sum_{i=1}^{m} (P_i \times \ln P_i) \tag{3-6}$$

式中，SHDI 为景观多样性指数；P_i 为斑块类型 i 在景观中出现的概率，可以通过第 i 类景观的面积占景观总面积来估算得到（肖笃宁，1999）。

生态意义：SHDI 反映不同景观类型分布的均匀性，它的大小反映景观要素的多少和各种景观要素所占比例的变化。若 SHDI = 0，表示整个景观仅由一个斑块组成；SHDI 越大，表明斑块类型越多即景观多样性越丰富。

（7）香农均匀度指数（Shannon's Evenness Index，SHEI）：

$$SHEI = \frac{-\sum_{i=1}^{m} (P_i \ln P_i)}{\ln m} \tag{3-7}$$

式中，P_i 为斑块类型 i 在景观中出现的概率；m 为景观中斑块类型的总数。SHEI 是香农多样性指数与最大可能多样性的比值。

生态意义：SHEI 趋近 1 时，说明各斑块类型在景观中均匀分布，没有明显的优势类型；SHEI 值较小时，表示一种或几种优势斑块类型支配该景观；SHEI = 0 表明景观无多样性。

（8）优势度指数：

$$D = \ln(m) + \sum_{i=1}^{m} P_i \times \ln P_i \tag{3-8}$$

式中，D 为优势度指数；m 为研究区域内景观类型总数；P_i 为斑块类型 i 在景观中出现的概率，即第 i 类景观类型面积所占的比例。

生态意义：优势度指数是描述主要景观类型对整体的控制程度。优势度指数越大，说明某一种或几种景观类型起控制作用，它对景观整体功能划分、结构控制有相对较强的作用；优势度小则相反；若优势度指数为 0，则表示景观完全均质。

3.2　城市热环境年际演化特征分析

3.2.1　城市热场空间格局

选取春季 4 期 TM/ETM + 遥感影像（1988 年 05 月 01 日、2001 年 05 月 13 日、2007 年 05 月 06 日和 2011 年 05 月 17 日），对 23 年间热场空间变化进行分析。按照 2.3 节中所述方法完成影像的辐射校正和地温反演，获得绵阳市春季热场空间格局分布图（见图 3-1 ～ 3-4）。

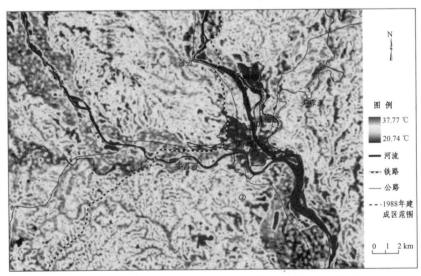

图 3-1　1988 年 5 月 1 日绵阳市地表热场空间格局

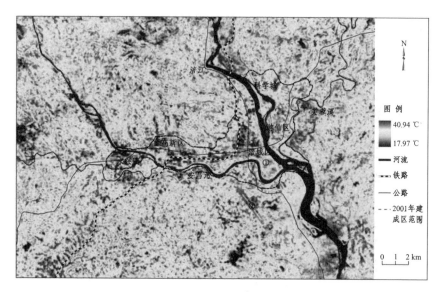

图 3-2 2001 年 5 月 13 日绵阳市地表热场空间格局

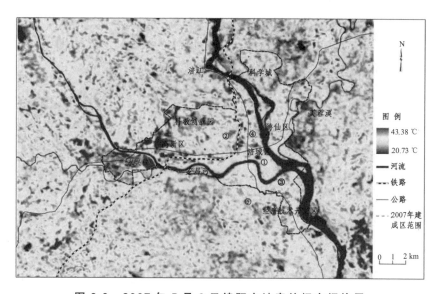

图 3-3 2007 年 5 月 6 日绵阳市地表热场空间格局

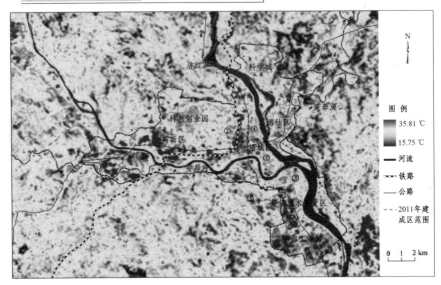

图 3-4   2011 年 5 月 17 日绵阳市地表热场空间格局

从绵阳市各年份地表热场空间格局图中可知，温度较高的区域主要集中分布于建成区范围以内及植被覆盖较差的区域。经计算，1988 年研究区范围内地温的变化范围为 20.29～37.77 °C，平均温度为 28.99 °C；2001 年研究区范围内地温的变化范围为 17.89～40.94 °C，平均温度为 30.28 °C；2007 年研究区范围内地温的变化范围为 18.95～43.38 °C，平均温度为 31.62 °C；2011 年研究区范围内地温的变化范围为 15.76～36.66 °C，平均温度为 25.22 °C。

为分析 23 年间城市热场变化与建成区扩展之间的相关关系，以上述四个年份的 TM/ETM + 遥感影像为数据源，根据它们在第四波段和第五波段的波谱特性，运用仿归一化植被指数法（杨山等，2002；仇文侠等，2010），同时配合监督分类和目视解译的方法自动提取建成区范围并叠加，叠加效果如图 3-5 所示。

对 1988 年地表热场而言，建成区范围内绝大部分区域以高温为主，呈面状分布，只零星镶嵌少数几个低温缀块，其中最具代表性的就是位于涪城区的人民公园（图 3-1 中①所示）。整体而言，城乡间温度差异十分明显。同时，研究区境内的涪江、安昌河和芙蓉溪对周围环境起到一定的降温作用，加之河流附近多种植庄稼，植被覆盖率高，因此两侧温度相对较低。

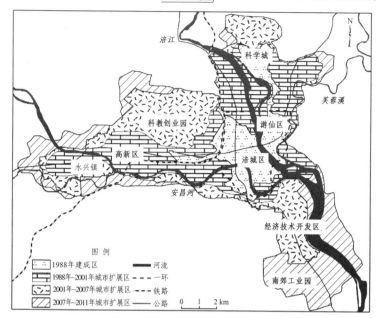

图 3-5　1988 年、2001 年、2007 年和 2011 年绵阳市建成区图斑叠加

　　对 2001 年地表热场而言，建成区范围内的温度仍然较高，高温区域主要呈条带状间断分布。与 1988 年相比城乡间温度差异减弱，由于建成区范围的扩展，温度较高的区域面积也在不断扩大。结合图 3-5 发现，1988—2001 年间城市主要向高新区、永兴镇、游仙区和涪城区以北等方向扩展。此时，建成区以内的部分工厂、企业已开始外迁至高新区和永兴镇等地。温度较高的区域亦主要集中在上述四个区域，高温区域有沿安昌河和涪江向西移动的趋势。建成区以外的南郊机场（图 3-2 中②所示）呈现高温，涪城区内的人民公园（图 3-1 中①所示）继续呈现低温。

　　2007 年地表热场反映出在建成区范围内温度较高的区域呈面状和条带状相间分布。其中，呈面状分布的热中心主要集中于高新区、永兴镇和科教创业园，间断的条带状的热中心主要沿铁路及公路沿线，形成了特有的热力廊道景观。由图 3-5 可知，此时，建成区扩展主要朝西方的科教创业园和南方的经济技术开发区发展。整体而言，涪城区和游仙区的温度整体呈下降趋势，涪江和安昌河两侧一定距离范围尤其明显。低温缀块相比 1988 年和 2001 年明显增多，例如人民公园、西山公园、南山公园和五一广场等（图 3-3 中编号分别为①、②、③和④）。同时绵阳南郊机场（图 3-3 中编号⑤）温度仍相对较高。

对 2011 年地表热场而言，与 2007 年地表热场相比，建成区范围内温度较高的区域明显增多，城区热中心主要有以下几片：永兴镇、高新区、科教创业园、南郊工业园和经济技术开发区以及涪城老区。2007—2011 年，城市主要向南郊工业园方向扩展，同时永兴镇和科教创业园区域面积也有少量增加。此时，绵阳建成区范围内的功能分区及城市格局基本形成，前 4 片热中心主要以工业群为主体；涪城区范围内热中心的形成原因较复杂，该区域内人口密集、建筑集中，人为热排放量较大，同时也集中有绵阳市的四川长虹电子集团公司、四川九洲电子集团公司等企业，因此，属于工业群和人为混合作用的热中心。铁路沿线的高温带依旧明显，建成区范围内的人民公园、西山公园、南山公园和五一广场等（图 3-4 中编号分别为 ①、②、③和④）温度较低。绵阳南郊机场（图 3-4 中编号⑤）温度相对较高。

四个年份中建成区以外均存在部分高温条带或斑块，主要是由土地裸露所致。其中，安昌河两侧高温区域较集中，该河流两侧主要种植庄稼，由于此时庄稼收割后土地裸露，所以温度相对较高。

3.2.2　热力景观类型划分

热力景观类型划分的实质是界定不同类型的温度范围。本部分借鉴城市热岛分级的理论和方法进行热力景观类型的划分。目前城市热岛分级的方法主要有两种：等间距法（张勇等，2006；王天星等，2009）和均值-标准差法（王芳等，2007；陈松林等，2009）。等间距分级法是将地温根据某一规则进行硬分级（Hafner et al.，1999；周红妹等，2001；徐涵秋等，2003；张兆明等，2005），这种方法虽然可以反映地温的空间分布，但是在确定最佳分割点及分级数时主观性很大，而且不同的分割点和分级数得到的城市热岛结构也不尽相同，这将给相关研究带来极大的不确定性；然而同时兼顾了均值和标准差，并将二者规律组合来划分温度等级的均值-标准差法则可以较好地解决上述问题（张金区，2006）。应用均值-标准差进行热力景观类型划分的具体方法参见表 3-1。它可将热力景观类型划分为 4 类、5 类或 6 类。本研究中将绵阳市热力景观类型划分为 5 类。

表 3-1 均值-标准差法划分热力景观类型（据陈松林等修改，2009）

温度等级	热力景观类型划分					
	4 类		5 类		6 类	
特高温	—	—	—	—	I	$T_s>\mu+\text{std}$
高　温	I	$T_s>\mu+\text{std}$	I	$T_s>\mu+\text{std}$	II	$\mu+0.5\text{std}<T_s\leq\mu+\text{std}$
次高温	II	$\mu<T_s\leq\mu+\text{std}$	II	$\mu+0.5\text{std}<T_s\leq\mu+\text{std}$	III	$\mu<T_s\leq\mu+0.5\text{std}$
中　温	III	$\mu-\text{std}\leq T_s\leq\mu$	III	$\mu-0.5\text{std}\leq T_s\leq\mu+0.5\text{std}$	IV	$\mu-0.5\text{std}\leq T_s\leq\mu$
次低温			IV	$\mu-\text{std}\leq T_s<\mu-0.5\text{std}$	V	$\mu-\text{std}\leq T_s<\mu-0.5\text{std}$
低　温	IV	$T_s<\mu-\text{std}$	V	$T_s<\mu-\text{std}$	VI	$T_s<\mu-\text{std}$

注：表中 T_s 代表地温，μ 代表研究区地温平均值，std 为标准差。

　　由于绵阳是一座"三江汇流"城市，涪江及其支流安昌河和芙蓉溪径流面积在绵阳建成区范围内所占比例较大，河流对其周围一定范围内的降温效果显著。因此，需要研究河流对景观类型划分效果的影响。以 2007年 5 月 6 日地温数据为例，首先用 2011 年建成区范围对其进行掩膜，获取2007 年地温在 2011 年建成区范围内的分布情况，对热力景观类型划分前考虑两种情况：一种是在分类前将河流做掩膜处理，而后按照均值-标准差法划分成 5 类；另一种是不对河流做掩膜处理，而直接参照均值-标准差法划分成 5 类。两种方法划分后的效果如图 3-6 所示。

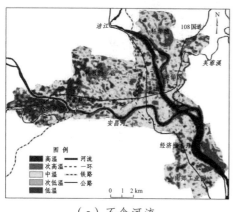

（a）不含河流

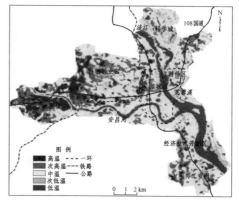

（b）包含河流

图 3-6 2007 年 5 月 6 日绵阳市热力景观斑块分类对比图

对比图 3-6（a）、（b）发现，若在热力景观类型划分前不将河流去除，低温斑块则主要集中在河流所在区域，建成区范围内的其他位置均呈现相对较高的温度。对比图 3-3 发现这与实际不能较好吻合。而在分类前将河流去除得到的分类效果则相对较好，能够客观反映出低温至高温 5 类斑块空间分布特点。

因此，以 1988 年、2001 年、2007 年和 2011 年绵阳市研究区范围内反演所得的地温数据为基础。热力景观类型划分的具体操作步骤如下：首先，通过掩膜去除地温数据中的河流部分；为分析其年际间的变化规律需将研究区域统一，然后利用绵阳 2011 年建成区范围掩膜上述四个年份的地温数据；最后，应用均值-标准差法将热力景观类型划分为 5 类，获得绵阳1988—2011 年建成区热力景观斑块分布图（见图 3-7 ~ 3-10）。

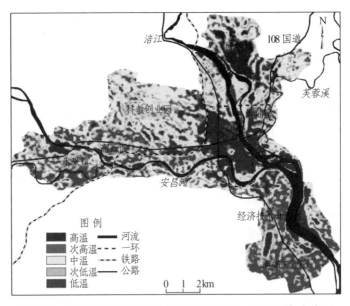

图 3-7　1988 年 05 月 01 日绵阳市热力景观斑块分类图

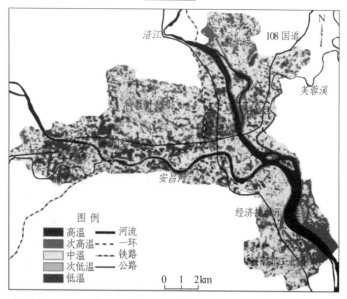

图 3-8 2001 年 05 月 13 日绵阳市热力景观斑块分类图

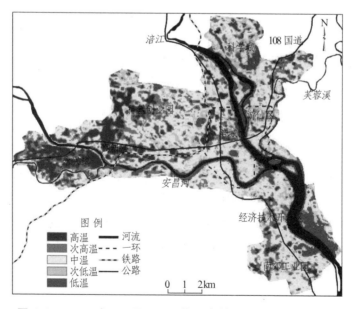

图 3-9 2007 年 05 用 06 日绵阳市热力景观斑块分类图

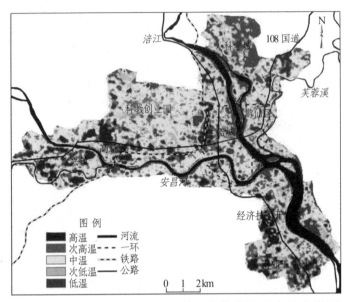

图 3-10　2011 年 05 月 17 日绵阳市热力景观斑块分类图

注：一环路相关数据下载自绵阳市城乡规划局网站（http://www.myghj.cn/），处理
后使用。

3.2.3　热力景观格局指数演化

1. 热力景观单元特征指数演化分析

为定量研究建成区范围内热力景观斑块细部结构及其演变规律，借鉴
景观生态学的相关理论和研究方法，结合前人的研究成果，本部分选取 7
个景观格局指数：斑块数量 NP、斑块类型面积 CA、斑块平均面积 MPS、
破碎度指数 C、多样性指数 SHDI、均匀度指数 SHEI 和优势度指数。它们
的定义及生态意义见 3.1 节。应用 Fragstats3.3 软件对绵阳市 1988—2011
年景观格局指数进行计算，结果列于表 3-2～3-7 中，图 3-11 为景观格局
指数变化曲线。

表 3-2　1988 年热力斑块统计表

类型符号	斑块类型	CA /hm²	所占比例 /%	NP /个	所占比例 /%	MPS /hm²
I	高温	1 910.97	17.85	325	10.36	5.88
II	次高温	1 276.65	11.92	1 067	34.03	1.20
III	中温	3 764.43	35.15	413	13.17	9.11
IV	次低温	1 804.32	16.85	1 088	34.69	1.66
V	低温	1 952.64	18.23	243	7.75	8.04
总计	—	10 709.01	100.00	3 136	100.00	—

表 3-2 所列数据表明：1988 年热力斑块类型面积最大的是中温，其次是低温和高温，斑块类型面积分别为 3 764.43 hm²、1 952.64 hm² 和 1 910.97 hm²；而斑块类型面积较小的是次低温和次高温，斑块类型面积分别为 1804.32 hm² 和 1276.65 hm²，所占比例由高到低依次为 35.15%、18.23%、17.85%、16.85% 和 11.92%。斑块数量最多的是次低温，其次是次高温和中温，斑块数量分别为 1 088 个、1 067 个和 413 个；高温和低温较少，分别为 325 个和 243 个，所占比例由高到低依次为 34.69%、34.03%、13.17%、10.36% 和 7.75%。斑块平均面积由大到小依次为中温、低温、高温、次低温和次高温，平均面积依次为 9.11 hm²、8.04 hm²、5.88 hm²、1.66 hm² 和 1.20 hm²。

表 3-3　2001 年热力斑块统计表

类型符号	斑块类型	CA /hm²	所占比例 /%	NP /个	所占比例 /%	MPS /hm²
I	高温	1 469.97	13.73	726	11.70	2.02
II	次高温	1 844.37	17.22	1 945	31.33	0.95
III	中温	4 406.22	41.14	1 041	16.77	4.23
IV	次低温	1 424.34	13.30	1 855	29.89	0.77
V	低温	1 564.11	14.61	640	10.31	2.44
总计	—	10 709.01	100.00	6 207	100.00	—

表 3-3 所列数据表明：2001 年热力斑块类型面积最大的是中温，其次是次高温和低温，斑块类型面积分别为 4 406.22 hm^2、1 844.37 hm^2 和 1 564.11 hm^2；而斑块类型面积较小的是高温和次低温，斑块类型面积分别为 1 469.97 hm^2 和 1 424.34 hm^2，所占比例由高到低依次为 41.14%、17.22%、14.61%、13.73% 和 13.30%。斑块数量最多的是次高温，其次是次低温和中温，斑块数量分别为 1 945 个、1 855 个和 1 041 个；高温和低温较少，分别为 726 个和 640 个，所占比例由高到低依次为 31.33%、29.89%、16.77%、11.70% 和 10.31%。斑块平均面积由大到小依次为中温、低温、高温、次高温和次低温，平均面积依次为 4.23 hm^2、2.44 hm^2、2.02 hm^2、0.95 hm^2 和 0.77 hm^2。

表 3-4　2007 年热力斑块统计表

类型符号	斑块类型	CA /hm^2	所占比例 /%	NP /个	所占比例 /%	MPS /hm^2
I	高温	1 389.96	12.98	416	11.95	3.34
II	次高温	1 901.97	17.76	1 139	32.71	1.67
III	中温	4 468.86	41.73	598	17.17	7.47
IV	次低温	1 471.23	13.74	992	28.49	1.48
V	低温	1 476.99	13.79	337	9.68	4.38
总计	—	10 709.01	100.00	3482	100.00	—

表 3-4 所列数据表明：2007 年热力斑块类型面积最大的是中温，其次是次高温和低温，斑块类型面积分别为 4 468.86 hm^2、1 901.97 hm^2 和 1 476.99 hm^2；而斑块类型面积较小的是次低温和高温，斑块类型面积分别为 1 471.23 hm^2 和 1 389.96 hm^2，所占比例由高到低依次为 41.73%、17.76%、13.79%、13.74% 和 12.98%。斑块数量最多的是次高温，其次是次低温和中温，斑块数量分别为 1 139 个、992 个和 598 个；高温和低温较少，分别为 416 个和 337 个，所占比例由高到低依次为 32.71%、28.49%、17.17%、11.95% 和 9.68%。斑块平均面积由大到小依次为中温、低温、高温、次高温和次低温，平均面积依次为 7.47 hm^2、4.38 hm^2、3.34 hm^2、1.67 hm^2 和 1.48 hm^2。

表 3-5 2011 年热力斑块统计表

类型符号	斑块类型	CA /hm²	所占比例 /%	NP /个	所占比例 /%	MPS /hm²
Ⅰ	高温	1 418.49	13.25	538	12.40	2.64
Ⅱ	次高温	1 886.76	17.62	1 529	35.24	1.23
Ⅲ	中温	4 133.07	38.59	611	14.08	6.76
Ⅳ	次低温	1 629.09	15.21	1 296	29.87	1.26
Ⅴ	低温	1 641.60	15.33	365	8.41	4.50
总计	—	10 709.01	100.00	4 339	100.00	—

表 3-5 所列数据表明：2011 年热力斑块类型面积最大的是中温，其次是次高温和低温，斑块类型面积分别为 4 133.07 hm²、1 886.76 hm² 和 1 641.60 hm²；而斑块类型面积较小的是次低温和高温，斑块类型面积分别为 1 629.09 hm² 和 1 418.49 hm²，所占比例由高到低依次为 38.59%、17.62%、15.33%、15.21% 和 13.25%。斑块数量最多的是次高温，其次是次低温和中温，斑块数量分别为 1 529 个、1 296 个和 611 个；高温和低温较少，分别为 538 个和 365 个，所占比例由高到低依次为 35.24%、29.87%、14.08%、12.40% 和 8.41%。斑块平均面积由大到小依次为中温、低温、高温、次低温和次高温，平均面积依次为 6.76 hm²、4.50 hm²、2.64 hm²、1.26 hm² 和 1.23 hm²。

（1）CA 演化情况分析。

综合表 3-6 和图 3-11（a）发现，在四个年份中，Ⅲ类斑块面积均明显大于其余四类斑块面积。该景观类型对整个热力景观格局的发展变化起一定的控制作用。1988—2011 年，五类斑块面积均发生变化。总体而言，Ⅰ、Ⅳ、Ⅴ类斑块面积减小，并且Ⅰ类斑块面积减小最多达到 492.48 hm²，而Ⅱ、Ⅲ斑块面积增加，Ⅱ类斑块面积增加最多达到 610.11 hm²。具体分析如下：1988—2001 年的 13 年间，Ⅱ、Ⅲ类斑块面积保持增加，增加量分别为 567.72 hm² 和 641.79 hm²，Ⅰ、Ⅳ、Ⅴ类斑块面积减小，其中Ⅰ类斑块面积减小最多，为 441.00 hm²；2001—2007 年的 6 年间，Ⅰ、Ⅴ类斑块面积减小，减小值分别为 80.01 hm^2 和 87.12 hm^2，Ⅱ、Ⅲ、Ⅳ类斑块面积增加，Ⅲ类斑块增加值最大，为 62.64 hm^2；2007—2011 年的 4 年间，Ⅱ、Ⅲ类斑块面积减小，Ⅲ类斑块面积减小最多，为 335.79 hm^2，Ⅰ、Ⅳ、Ⅴ类斑块面积增加，Ⅳ、Ⅴ类斑块面积增加相对较大，分别为 157.86 hm^2 和 164.61 hm^2。

（2）NP 演化情况分析。

综合表 3-6 和图 3-11（b）发现，各类斑块数量的变化趋势基本相同。五类斑块数量均有所增加，但增加幅度不同，其中，Ⅱ类斑块数量增加最多，为 462 个，其余各类斑块数量增加较少。斑块数量增加表明：23 年间人为对热力景观的干扰作用加强，热环境状况发生较大变化。具体分析如下：从 1988—2001 年的 13 年间，五类斑块数量均有所增加，其中Ⅱ类斑块数量增加最多，为 878 个，Ⅴ类斑块面积增加最少，为 397 个；2001—2007 年的 6 年间，各类型斑块数量均减少，其中Ⅱ、Ⅳ类斑块数量减少最明显，分别为 806 个和 863 个，其余三类斑块减少数量不多；2007—2011 年的 4 年间，五类斑块数量均增加，其中Ⅱ、Ⅳ类斑块数量增加最明显，分别为 390 个和 304 个。

（3）MPS 演化情况分析。

综合表 3-6 和图 3-11（c）发现，四个年份中Ⅲ类斑块平均面积始终最大，Ⅴ类斑块平均面积次之。23 年间Ⅱ类与Ⅳ类斑块平均面积变化最小，说明两类景观受干扰程度最小，其余三类受干扰较为剧烈。具体分析如下：1988—2011 年仅Ⅱ类斑块平均面积有小幅度增加，其余四类斑块平均面积均减小，其中，Ⅴ类斑块平均面积减小最明显为 3.54 hm^2。具体分析如下：从 1988—2001 年的 13 年间，五类斑块平均面积均减小，减小量最大的是第Ⅴ类斑块，减小值为 5.60 hm^2，Ⅱ、Ⅳ类斑块平均面积减少量仅为 0.25 hm^2 和 0.8 hm^2；2001—2007 年的 6 年间，各类斑块平均面积均保持增加，其中增加较为显著的是Ⅲ类和Ⅴ类斑块，增加值分别为 3.24 hm^2 和 1.94 hm^2；2007—2011 年的 4 年间，仅Ⅴ类斑块平均面积增加 0.12 hm^2，其余类型斑块平均面积均减小，其中减小最多的是Ⅰ、Ⅲ类斑块，分别减小 0.70 hm^2 和 0.71 hm^2。

表 3-6 1988—2011 年热力景观单元特征指数演变统计表

斑块符号	1988—2001 年			2001—2007 年			2007—2011 年		
	CA /hm²	NP /个	MPS /hm²	CA /hm²	NP /个	MPS /hm²	CA /hm²	NP /个	MPS /hm²
I	− 441.00	401	− 3.86	− 80.01	− 310	1.32	28.53	122	− 0.70
II	567.72	878	− 0.25	57.60	− 806	0.72	− 15.21	390	− 0.44
III	641.79	628	− 4.88	62.64	− 443	3.24	− 335.79	13	− 0.71
IV	− 379.98	767	− 0.80	46.89	− 863	0.71	157.86	304	− 0.22
V	− 388.53	397	− 5.60	− 87.12	− 303	1.94	164.61	28	0.12

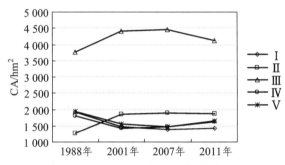

（a）1988—2011 年 CA 变化曲线

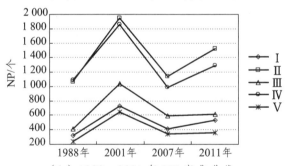

（b）1988—2011 年 NP 变化曲线

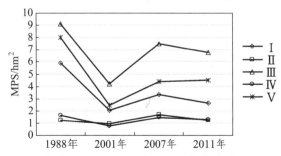

（c）1988—2011 年 MPS 变化曲线

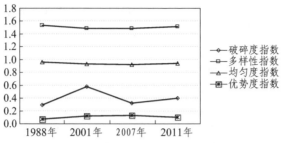

（d）1988—2011 年景观水平格局指数变化曲线

图 3-11　景观格局指数变化曲线

2. 热力景观异质性指数演化分析

结合图 3-11（d）和表 3-7 发现，破碎度指数在 1988—2001 年显著增加，2001—2007 年有所减小，2007—2011 年又有小幅度增加，并且 2001 年的破碎度指数最大为 0.580，这说明在 2001 年人类活动对于热力景观结构的影响程度最大；多样性指数从 1988—2007 年总体趋势是小幅减小，而在 2007—2011 年有所增加，最大值为 1988 年的 1.539，即表明 1988 年时热力斑块类型最丰富；均匀度指数和优势度指数有着相反的生态意义，分析图 3-11（d）发现，1988—2011 年均匀度指数小幅度减小，1988 年均匀度指数达到最大为 0.956，而优势度指数在 1988—2007 年增加，2007—2011 年减小，2007 年的优势度指数最大为 0.127，与表 3-4 中的统计数据吻合，即在该年第Ⅲ类斑块对整个热力景观结构的发展变化起到一定的控制作用。

表 3-7　1988—2011 年热力景观异质性指数统计表

年　份	破碎度指数 C	香农多样性指数 SHDI	香农均匀度指数 SHEI	优势度指数
1988.05.01	0.293	1.539	0.956	0.070
2001.05.13	0.580	1.490	0.926	0.119
2007.05.06	0.325	1.483	0.921	0.127
2011.05.17	0.405	1.515	0.941	0.094

3.2.4　热力重心年际演化特征

空间重心是表示地理对象空间分布情况的重要指标，城市热场的变化与城市自身的发展变化存在诸多内在联系。为进一步揭示 23 年间绵阳城市热场的演变规律，研究中引入了热力重心的思想。热力重心是不同热力景观类型斑块的热力集中点（孙芹芹等，2010；李文亮等，2010）。并借助热力重心转移距离和热力重心转移角度两个指标，表达不同类型的斑块热力重心时空变化特征，进而揭示城市热环境的空间演变规律。城市重心是用建成区范围以内区域的几何中心代替，在 ArcGIS 软件中可以直接对其进行统计。

1. 热力重心计算模型

不同类型斑块的热力重心坐标计算方法如下（张新乐等，2007）：

$$X_t = \sum_{i=1}^{n}(C_{ti} \times X_{ti})/\sum_{i=1}^{n}C_{ti}$$

$$Y_t = \sum_{i=1}^{n}(C_{ti} \times Y_{ti})/\sum_{i=1}^{n}C_{ti}$$

（3-9）

式中，X_t 和 Y_t 分别代表第 t 年某类斑块的热力重心坐标；n 为第 t 年该类型斑块总数；C_{ti} 代表第 t 年该类斑块中第 i 个斑块的面积；X_{ti} 和 Y_{ti} 分别代表第 t 年该类斑块中第 i 个斑块的几何中心坐标。上述各类型斑块的热力重心坐标的计算可在 ArcGIS 软件中完成。

2. 热力重心转移距离模型

通过热力重心转移距离模型能够定量表达不同时期的热力重心间距离的变化。计算公式如下：

$$d = \sqrt{(x_{t+1} - x_t)^2 + (y_{t+1} - y_t)^2}$$

（3-10）

式中，d 代表热力重心转移距离；x_t、y_t 和 x_{t+1}、y_{t+1} 分别代表第 t 年和第 $t+1$ 年热力重心坐标。

3. 热力重心转移角度模型

为更好地表达热力重心变化的方向，引入热力重心转移角度指标。该指标的建立借鉴了测绘学中的坐标方位角（顾孝烈，2006）进行定义，其模型如下：

$$\theta = \arctan t[(X_{t+1} - X_t)/(Y_{t+1} - Y_t)] \tag{3-11}$$

式中，θ 为热力重心转移角度，它是以坐标北为起始方向顺时针至直线所形成的夹角，取值范围是 0°～360°；X_t、Y_t 和 X_{t+1}、Y_{t+1} 分别代表第 t 年和第 $t+1$ 年热力重心坐标。在描述转移方向时引用测绘学中象限角的相关理论与方法，象限角通常采用北偏东（或西）或南偏东（或西）描述相关方向。它与坐标方位角 θ 之间存在的关系如表 3-8 所示。

表 3-8　坐标方位角与象限角间的关系

直线方向	象限	象限角与方位角的关系	直线方向	象限	象限角与方位角的关系
北偏东	I	$\theta = R$	北偏西	III	$\theta = 180° + R$
南偏东	II	$\theta = 180° - R$	南偏西	IV	$\theta = 360° + R$

注：测量坐标系象限划分与数学坐标系象限划分的标准不同。保持数学坐标系的 I、III 象限不变，将 II、IV 象限互换即获得测量坐标系中的象限。

根据上述模型将 1988—2011 年 5 种景观类型热力重心及城市重心的转移距离和转移角度统计于表 3-9 中，图 3-12 为城市重心及热力重心转移路径图。

表 3-9　1988—2011 年热力重心及城市重心转移距离、转移角度统计表

斑块类型	1988—2001 年		2001—2007 年		2007—2011 年	
	d/m	$\theta/°$	d/m	$\theta/°$	d/m	$\theta/°$
城市重心	1 521.20	277.55	457.04	254.78	1 067.62	161.09
高温	2 838.50	260.31	1 372.05	270.66	2 472.45	126.51
次高温	1 340.37	286.06	508.53	221.52	858.97	244.22
中温	1 722.87	326.81	761.82	200.26	632.67	261.90
次低温	1 747.42	322.07	50.40	357.26	168.21	114.37
低温	703.45	333.35	608.88	258.33	755.92	133.86

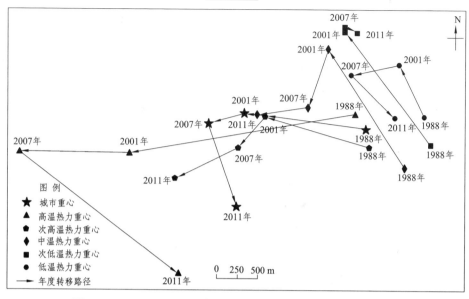

图 3-12 1988—2011 年城市重心及热力重心转移路径图

分析表 3-9 和图 3-12 发现:1988—2001 年城市重心主要向北偏西约 83°的方向转移,转移距离约为 1 521.20 m;2001—2007 年主要向南偏西约 16°的方向转移,转移距离约为 457.04 m;从 2007 年开始向南偏东约 19°的方向转移,转移距离约为 1 067.62 m。主要表现为:1988—2001 年绵阳城市扩展主要向西部的高新区和永兴镇方向;2001—2007 年城市扩展主要向西部的科教创业园和南部的经济技术开发区;2007—2011 年扩展主要向南部的经济技术开发区和南郊工业园,同时西部的科教创业园和永兴镇面积也有少量增加。

各类型斑块的转移规律如下:高温斑块 1988—2001 年主要向北偏西约 80°的方向转移,转移距离约为 2 838.50 m;2001—2007 年向正西方向转移,转移距离约为 1 372.05 m;从 2007 年开始转移方向是南偏东约 54°,转移距离约为 2 472.45 m。次高温斑块 1988—2001 年主要向北偏西 74°左右的方向转移,转移距离约为 1 340.37 m;2001—2007 年主要向南偏西约 41°方向转移,转移距离约为 508.53 m;从 2007 年开始转移方向主要是南偏西约 64°,转移距离约为 858.97 m。中温斑块 1988—2001 年主要向北偏西约 34°方向转移,转移距离约为 1 722.87 m;2001—2007 年主要向南偏西约 20°方向转移,转移距离约为 761.82 m;从 2007 年开始转移方向主要是南偏西约 81°，转移距离约为 632.67 m。次低温斑块 1988—2001 年主要向北偏西约 38°方向转移，转移距离约为 1 747.42 m；2001—2007 年主要向北偏西约 3°方向转移，转移距离约为 50.40 m；从 2007 年开始转移方向主要是南偏东约 66°，转移距离约为 168.21 m。低温斑块 1988—2001 年主要向北偏西约 27°方向转移，转移距离约为 703.45 m；2001—2007 年主要向南偏西约 12°方向转移，转移距离约为 608.88 m；从 2007 年开始转移方向主要是南偏东约 47°，转移距离约为 755.92 m。

综合上述分析发现，除次低温斑块个别年份的转移方向与城市重心转移方向不同外，其余四类斑块的转移方向与城市重心转移方向基本相同，但是转移距离大小不同。在各时间段中高温斑块的转移距离均最大。高温和次高温类型斑块的转移规律与城市重心转移规律吻合较好。从某种意义上讲，高温和次高温类型斑块的转移规律基本代表了城市热中心的转移规律。由此可见，城市热中心的空间转移方向与城市重心的空间转移方向表现出较强的相关性。说明城市化是城市热环境改变的主要驱动力之一。

3.2.5　城市热岛强度年际变化

城市热岛效应是城市热环境变化的最直接体现，而城市热岛强度又是衡量城市热岛效应强弱的重要指标。城市热岛强度（Urban Heat Island Intensity，UHII）定义为城市温度和乡村温度之差，以表示城区温度高于郊区的程度。学者们采用了不同的方法对城市热岛强度进行计算，从而产生不同的热岛强度指标。在 3.1.2 节中所述城市热力景观斑块中的第 I 类和第 II 类地温相对较高，我们将其定义为城市热岛区，并选择城乡平均温度对比法 [公式（3-12）]、热岛区与低温区对比法 [公式（3-13）]（王天星等，2009）和热岛面积指数法[公式（3-14）]（杨英宝等，2006）三种方法，分别对热岛强度指标进行计算，结果列于表 3-10 中，图 3-13 展示了 1988—2011 年绵阳城市热岛强度变化曲线。

$$I = TC_{avg} - TO_{avg} \qquad (3-12)$$

式中，I 表示平均热岛强度；TC_{avg} 城市范围内的平均温度；TO_{avg} 表示郊区平均温度。

$$I = TH_{avg} - TL_{avg} \qquad （3-13）$$

式中，I 表示热岛强度；TH_{avg} 表示热岛区平均温度；TL_{avg} 表示低温区平均温度。

$$I_{avg} = \sum_{i=1}^{n}(TC_{iavg} - TO_{avg}) \cdot A_i \qquad （3-14）$$

式中，I_{avg} 表示加权平均热岛强度；n 表示城市热场（城市热岛）划分等级；TC_{iavg} 第 i 级城市热场的平均温度；TO_{avg} 表示郊区平均温度；A_i 第 i 级城市热场的面积百分比。

表 3-10　1988—2011 年城市热岛强度统计表

年　份	城乡平均温度对比法/°C	热岛面积指数法/°C	热岛区与低温区对比法/°C
1988.05.01	3.65	3.65	4.15
2001.05.13	1.77	1.77	3.07
2007.05.06	1.07	1.07	3.06
2011.05.17	0.55	0.55	2.55

对比表 3-10 中数据发现，城乡平均温度对比法和热岛面积指数法所计算热岛强度完全吻合，而应用热岛区与低温区对比法计算所得热岛强度值比前两种方法普遍偏大 0.5～2.0 °C。若应用城乡温度对比法和热岛面积指数法对各年份的热岛强度进行计算，则 1988 年、2001 年、2007 年和 2011 年热岛强度值分别为 3.65 °C、1.77 °C、1.07 °C 和 0.55 °C；用热岛区与低温区对比法计算热岛强度分别为 4.15 °C、3.07 °C、3.06 °C 和 2.55 °C。图 3-13 反映出三种方法计算的城市热岛强度变化趋势完全相同。由此可见，从 1988—2011 年间绵阳春季（主要针对 5 月份）城市热岛效应强度变化呈现如下规律：1988 年的城市热岛效应最强，2011 年城市热岛效应最弱，23 年间由于城市重心的外移和绿化率的不断提高，城市热岛效应呈减弱的趋势。

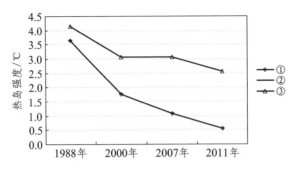

① 城乡平均温度对比法；② 热岛面积指数法；③ 热岛区与低温区对比法

图 3-13　1988—2011 年城市热岛强度变化曲线

3.3　城市热环境季节演化特征分析

研究选取 TM/ETM + 2001 年 5 月 13 日（代表春季）、2000 年 11 月 02 日（代表秋季）和 2003 年 01 月 27 日（代表冬季）三期影像做季节变化分析，由于未能收集到 2000 年左右符合研究要求的夏季影像，故后续分析只针对春、秋和冬三个季节。虽然在收集的影像中上述三期时相最接近，但三者之间仍然存在着明显的时相差异。在以往研究中为消除时相差异带来的影响，学者们通常采用正规化处理的方法（徐涵秋等，2003，2007；潘卫华等，2006），将地温分布范围统一到 0 和 1 之间，然后采用密度分割技术对不同的温度区间进行划分以便进行对比分析。借鉴上述方法，本部分在对景观类型划分前首先按照公式（3-15）对三期数据完成正规化处理工作。

$$N_i = \frac{T_{s_i} - T_{s_{\min}}}{T_{s_{\max}} - T_{s_{\min}}} \qquad （3\text{-}15）$$

式中，N_i 表示第 i 个像元正规化后的值；T_{s_i} 为第 i 个像元的地温值；$T_{s_{\min}}$ 表示地温最小值；$T_{s_{\max}}$ 表示地温最大值。

3.3.1 城市热场空间格局

为分析不同季节绵阳市热场的空间格局，采用 3.1 节算法反演获得绵阳 2001 年 5 月 13 日、2000 年 11 月 02 日和 2003 年 01 月 27 日三个时期的地温数据，进而获得不同季节绵阳市地表热场空间格局分布图（见图 3-14、图 3-15）。

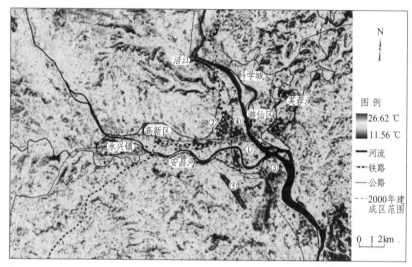

图 3-14 秋季绵阳市地表热场空间格局

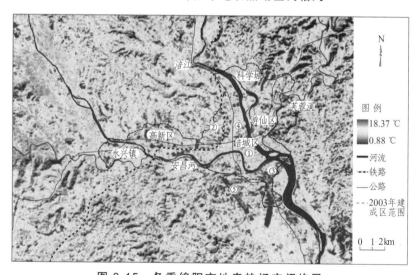

图 3-15 冬季绵阳市地表热场空间格局

从不同季节绵阳市地表热场空间格局分布图中可以看到，秋季研究区范围内地温的变化范围为 11.56 ~ 26.62 °C，平均温度为 17.51 °C；冬季研究区范围内地温的变化范围为 0.88 ~ 18.37 °C，平均温度为 9.52 °C。

对 2000 年地表热场而言，建成区范围内绝大部分区域仍以高温为主，呈现面状和点状交错分布的趋势，城市和乡村的温度界限较为明显，绵阳南郊机场（图 3-13 编号①）和大片裸地呈现出高温；对 2003 年地表热场而言，城市和乡村界面逐渐变得模糊，建成区范围内铁路沿线温度相对较高，呈间断的线状分布，其余位置有零星镶嵌的高温缀块，涪江、安昌河和公路所夹区域内温度明显低于周围温度形成明显的"冷岛"，而建成区范围以外的南郊机场（图 3-14 编号①）和部分裸地呈现出高温，分布方式为面状和点状相结合。

3.3.2 热力景观类型划分及景观格局指数

热力景观类型划分的理论与方法同 3.2.2 节，以 2000 年、2001 年和 2003 年绵阳市研究区范围内反演所得的地温数据为基础。热力景观类型划分的具体操作步骤如下：首先，通过掩膜去除地温数据中的河流部分；然后，利用绵阳 2003 年建成区范围掩膜上述三个年份的地温数据，使研究区域统一；最后，应用均值-标准差法将热力景观类型划分为 5 类。获得绵阳 2000 年、2001 年和 2003 年三个年份的建成区热力景观斑块分布图见图 3-16 ~ 3-18。

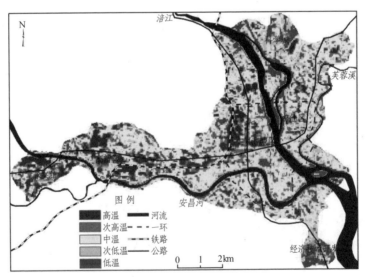

图 3-16 绵阳市春季建成区热力景观斑块分类图

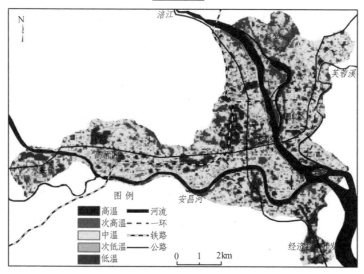

图 3-17 绵阳市秋季建成区热力景观斑块分类图

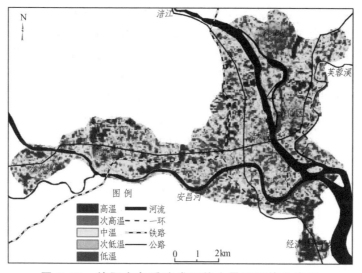

图 3-18 绵阳市冬季建成区热力景观斑块分类图

　　分别选择斑块数量 NP、斑块类型面积 CA、斑块平均面积 MPS、破碎度指数 C、多样性指数 SHDI、均匀度指数 SHEI 和优势度指数。定量研究建成区范围内热力景观斑块细部结构及其演变规律。它们的定义及生态意义见 3.1 节。应用 Fragstats3.3 软件对绵阳市 2000 年、2001 年和 2003 年景观格局指数进行计算，结果列于表 3-11 ～ 3-14 中，图 3-19 为景观格局指数变化曲线。

表 3-11　春季热力斑块统计表

类型符号	斑块类型	CA /hm²	所占比例 /%	NP /个	所占比例 /%	MPS /hm²
Ⅰ	高温	727.74	12.96	451	13.11	1.61
Ⅱ	次高温	925.65	16.48	1 082	31.46	0.86
Ⅲ	中温	2 475.81	44.08	563	16.37	4.40
Ⅳ	次低温	737.46	13.13	1 015	29.51	0.73
Ⅴ	低温	749.97	13.35	328	9.55	2.29
总计	—	5 616.63	100.00	3 439	100.00	—

表 3-11 所列数据表明：春季热力斑块类型面积最大的是中温，其次是次高温和低温，斑块类型面积分别为 2 475.81 hm²、925.65 hm² 和 749.97 hm²；而斑块类型面积较小的是次低温和高温，斑块类型面积分别为 737.46 hm² 和 727.74 hm²，所占比例由高到低依次为 44.08%、16.48%、13.35%、13.13% 和 12.96%。斑块数量最多的是次高温，其次是次低温和中温，斑块数量分别为 1 082 个、1 015 个和 563 个；高温和低温较少，分别为 451 个和 328 个，所占比例由高到低依次为 31.46%、29.51%、16.37%、13.11%和 9.55%。斑块平均面积由大到小依次为中温、低温、高温、次高温和次低温，平均面积依次为 4.40 hm²、2.29 hm²、1.61 hm²、0.86 hm² 和 0.73 hm²。

表 3-12　秋季热力斑块统计表

类型符号	斑块类型	CA /hm²	所占比例 /%	NP /个	所占比例 /%	MPS /hm²
Ⅰ	高温	749.70	13.35	606	9.01	1.24
Ⅱ	次高温	755.10	13.44	1 592	23.67	0.47
Ⅲ	中温	2 457.09	43.75	2 713	40.35	0.91
Ⅳ	次低温	879.66	15.66	1 422	21.14	0.62
Ⅴ	低温	775.08	13.80	392	5.83	1.98
总计	—	5 616.63	100.00	6 725	100.00	—

表 3-12 所列数据表明：秋季热力斑块类型面积最大的是中温，其次是次低温和低温，斑块类型面积分别为 2 457.09 hm²、879.66 hm² 和 775.08 hm²；而斑块类型面积较小的是次高温和高温，斑块类型面积分别为 755.10 hm² 和 749.70 hm²，所占比例由高到低依次为 43.75%、15.66%、13.80%、13.44% 和 13.35%。斑块数量最多的是中温，其次是次高温和次低温，斑块数量分别为 2 713 个、1 592 个和 1 422 个；高温和低温较少，分别为 606 个和 392 个，所占比例由高到低依次为 40.35%、23.67%、21.14%、9.01% 和 5.38%。斑块平均面积由大到小依次为低温、高温、中温、次低温和次高温，平均面积依次为 1.98 hm²、1.24 hm²、0.91 hm²、0.62 hm² 和 0.47 hm²。

表 3-13 冬季热力斑块统计表

类型符号	斑块类型	CA /hm²	所占比例 /%	NP /个	所占比例 /%	MPS /hm²
I	高温	814.14	14.50	621	11.72	1.31
II	次高温	781.02	13.91	1 645	31.05	0.47
III	中温	2 261.97	40.26	1 051	19.83	2.15
IV	次低温	941.85	16.77	1 481	27.95	0.64
V	低温	817.65	14.56	501	9.45	1.63
总计	—	5 616.63	100.00	5 299	100.00	—

表 3-13 所列数据表明：冬季热力斑块类型面积最大的是中温，其次是次低温和低温，斑块类型面积分别为 2 261.97 hm²、941.85 hm² 和 817.65 hm²；而斑块类型面积较小的是高温和次高温，斑块类型面积分别为 814.14 hm² 和 781.02 hm²，所占比例由高到低依次为 40.26%、16.77%、14.56%、14.50% 和 13.91%。斑块数量最多的是次高温，其次是次低温和中温，斑块数量分别为 1 645 个、1 481 个和 1 051 个；高温和低温较少，分别为 621 个和 501 个，所占比例由高到低依次为 31.05%、27.95%、19.83%、11.72% 和 9.45%。斑块平均面积由大到小依次为中温、低温、高温、次低温和次高温，平均面积依次为 2.15 hm²、1.63 hm²、1.31 hm²、0.64 hm² 和 0.47 hm²。

表 3-14　不同季节热力景观单元特征指数演化统计表

斑块符号	（春季—秋季）			（秋季—冬季）		
	CA /hm²	NP /个	MPS /hm²	CA /hm²	NP /个	MPS /hm²
I	−21.96	−155	0.37	86.4	170	−0.3
II	170.55	−510	0.39	−144.63	563	−0.39
III	18.72	−2150	3.49	−213.84	488	−2.25
IV	−142.20	−407	0.11	204.39	466	−0.09
V	−25.11	−64	0.31	67.68	173	−0.66

1. CA 演化情况分析

综合表 3-14 和图 3-19（a）发现，从春季到秋季，II、III类斑块面积增加，尤其是第II类斑块面积增加了 170.55 hm²，其余斑块类斑面积均减小，其中第IV类斑块减小面积达到 142.20 hm²；从秋季到冬季，I、IV、V类斑块面积均增加，其中第IV类斑块面积增加最多，为 204.39 hm²，II、III类斑块面积减小，减小值分别为 144.63 hm²、213.84 hm²。

2. NP 演化情况分析

综合表 3-14 和图 3-19（b）发现，从春季到秋季，所有斑块类型个数均减小，其中第III类斑块减少数量达到 2 150 个，其次是II、IV类斑块，减少的数量分别为 510 个和 407 个；从秋季到冬季，所有斑块类型数量均增加，其中第II、III、IV类斑块增加数量相对较多，分别为 563 个、488个、466 个，其余两类斑块数量增加相对较少。

3. MPS 演化情况分析

综合表 3-14 和图 3-19（c）发现，从春季到秋季，I类到V类斑块平均面积均增大，尤其是III类斑块平均面积增加了 3.49 hm²，其余各斑块平均面积增加幅度不大；从秋季到冬季，I类到V类斑块平均面积均减小，第III类斑块平均面积减小 2.25 hm²，其次是第V类斑块平均面积减小 0.66 hm²，其余三类斑块平均面积变化不大。

4. 热力景观异质性指数演化分析

结合表 3-15 和图 3-19（d）发现，破碎度指数、香农多样性指数和香农均匀度指数三者的走势保持一致，从春季到秋季减小，而从秋季到冬季有少量增加，破碎度指数在春季取得最大值，为 1.197，香农多样性指数和香农均匀度指数在冬季取得最大值，最大值分别为 1.501 和 0.932。春季破碎度指数最大，说明该季节受人为干扰作用最剧烈，其余两个季节受干扰程度相对较弱；而优势度指数的走势与前三个指数刚好相反，春季到秋季优势度指数值略有增加，秋季到冬季优势度指数值显著降低，而且秋季的优势度指数最大，最大值为 0.703，这说明秋季存在优势斑块，对热力景观的发展起导向和控制作用。

表 3-15　不同季节热力景观异质性指数统计表

季节	破碎度指数	香农多样性指数	香农均匀度指数	优势度指数
春季	1.197	1.464	0.910	0.700
秋季	0.612	1.458	0.906	0.703
冬季	0.943	1.501	0.932	0.677

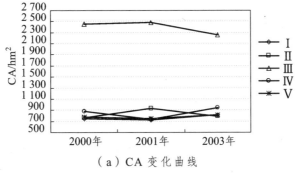

（a）CA 变化曲线

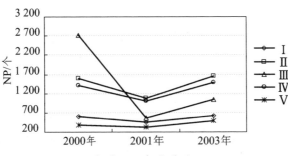

（b）NP 变化曲线

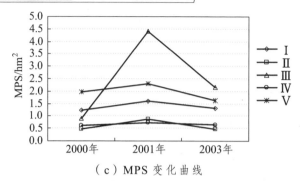

（c）MPS 变化曲线

（d）景观异质性指数变化曲线

图 3-19　景观格局指数变化曲线

3.3.3　热力重心季节演化特征

根据 3.2.4 节公式（3-9）、（3-10）和（3-11）将绵阳市春季至秋季和秋季至冬季五种热力景观重心的转移距离和转移角度统计于表 3-16 中。图 3-20 为热力重心转移路径图。

表 3-16　不同季节热力重心转移距离、转移角度统计表

斑块类型	春季—秋季		秋季—冬季	
	d/m	$\theta/°$	d/m	$\theta/°$
高温	670.52	84.26	424.39	154.15
次高温	504.87	269.02	163.67	253.68
中温	915.14	243.42	337.35	168.50
次低温	404.10	296.75	941.56	174.22
低温	242.59	326.28	433.27	184.77

　　分析表 3-16 和图 3-20 发现：高温斑块春季至秋季主要向北偏东约 84°的方向转移，转移距离约为 670.52 m；秋季至冬季向南偏东约 26°的方向转移，转移距离约为 424.39 m。次高温斑块春季至秋季主要向正西方向转移，转移距离约为 504.87 m；秋季至冬季向南偏东约 73°的方向转移，转移距离约为 163.67 m。中温斑块春季至秋季主要向南偏西约 63°的方向转移，转移距离约为 915.14 m；秋季至冬季向南偏东约 12°的方向转移，转移距离约为 337.35 m。次低温斑块春季至秋季主要向北偏西约 64°的方向转移，转移距离约为 404.10 m；秋季至冬季向南偏东约 6°的方向转移，转移距离约为 941.56 m。低温斑块春季至秋季主要向北偏西约 34°的方向转移，转移距离约为 242.59 m；秋季至冬季向南偏西约 4°的方向转移，转移距离约为 433.27 m。

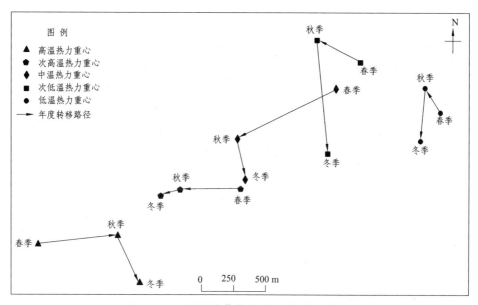

图 3-20　不同季节热力重心转移路径图

　　综合以上分析发现：除高温和次高温斑块以外的其余三类斑块空间转移方向基本一致；次高温斑块从春季至秋季、秋季至冬季的转移方向均向西；高温斑块从春季至秋季转移方向是向东，秋季至冬季主要向南。高温斑块和次高温斑块的转移规律基本代表城市热中心的转移特点。综合两种类型斑块数据可知热中心主要向东南方向转移。

3.3.4　城市热岛强度季节变化

如 3.2.5 节所述将城市热力景观斑块中的第 Ⅰ 类和第 Ⅱ 类定义为城市热岛区，并选择城乡平均温度对比法、热岛区与低温区对比法和热岛面积指数法三种方法分别对热岛强度指标进行计算，模型参见公式（3-12）、公式（3-13）和公式（3-14），结果列于表 3-17 中，图 3-21 为绵阳城市热岛强度季节变化曲线。

表 3-17　不同季节城市热岛强度统计表

年份	城乡平均温度对比法/℃	热岛面积指数法/℃	热岛区与低温区对比法/℃
春季	1.77	1.77	3.07
秋季	0.78	0.78	1.70
冬季	0.94	0.94	1.81

对比表 3-17 中数据发现，应用城乡平均温度对比法和热岛面积指数法所计算热岛强度值完全吻合，而应用热岛区与低温区对比法计算所得热岛强度仍然比前两种方法普遍偏大 0.8～1.3 ℃。图 3-21 反映出三种方法计算的城市热岛强度值均是先减小后增大。由此可见，2001 年左右，绵阳城市热岛效应呈现如下季节变化规律：春季至秋季（未考虑夏季热岛状况）热岛强度值逐渐减弱，从秋季到冬季热岛强度值逐渐增强。应用城乡温度对比法和热岛面积指数法对其热岛强度值进行计算，春季、秋季和冬季热岛强度值分别为 1.77 ℃、0.78 ℃ 和 0.94 ℃；用热岛区与低温区对比法计算热岛强度分别为 3.07 ℃、1.70 ℃ 和 1.81 ℃。综合上述分析，不同季节绵阳城市热岛效应强弱的规律为：春季最强，冬季次之，秋季的热岛效应强度最弱。

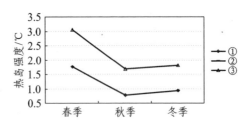

① 城乡平均温度对比法；② 热岛面积指数法；③ 热岛区与低温区对比法

图 3-21　城市热岛强度季节变化曲线

3.4　城市热场的剖面分析

3.4.1　剖面位置的选择

以 TM/ETM＋遥感影像反演后的地温为数据基础，选择热场剖面作为研究对象，对热场的结构特征进一步分析。根据绵阳市热图像的特点和所覆盖的范围，考虑到剖面线应尽量经过典型区域，做 W—E 方向和 N—S 方向两条剖面线，如图 3-22 所示。W—E 剖面线主要经过永兴镇、高新区、新华内燃机厂、涪城老区、人民公园、涪江、芙蓉溪、游仙区；N—S 剖面线主要经过京昆高速、科学城、涪江、四川长虹电子集团公司、人民公园、安昌河、长虹大道和南郊机场。

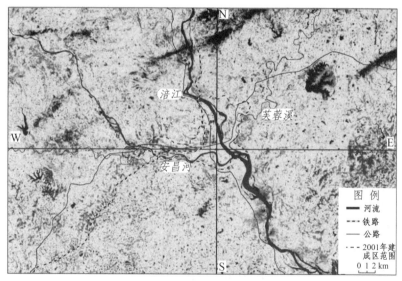

图 3-22　剖面位置图

注：底图为 2001 年研究区地温分布图。

3.4.2　温度与下垫面性质的关系

分别针对 2000 年 11 月 2 日、2001 年 5 月 13 日和 2003 年 1 月 27 日
TM/ETM + 反演所得地温数据，按照图 3-22 所示剖面位置提取地温值，经
MATLAB7.0 处理后获得地温曲线如图 3-23 和图 3-24 所示。

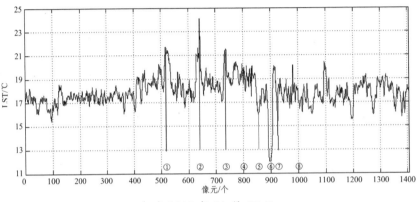

（a）2000 年 11 月 02 日

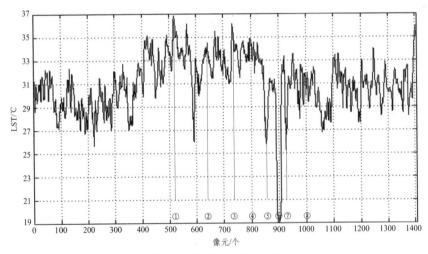

（b）2001 年 05 月 13 日

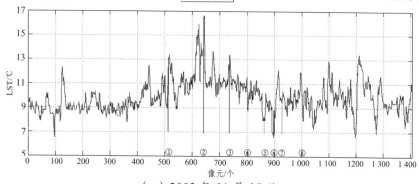

（c）2003 年 01 月 27 日

注：① 永兴镇；② 高新区；③ 新华内燃机厂；④ 涪城老区；

⑤ 人民公园；⑥ 涪江；⑦ 芙蓉溪；⑧ 游仙区

图 3-23 W—E 地温剖面图

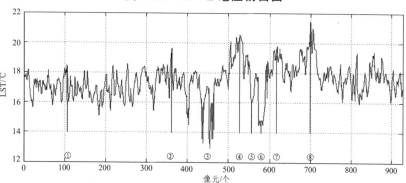

（a）2000 年 11 月 02 日

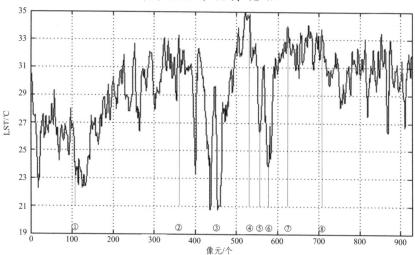

（b）2001 年 05 月 13 日

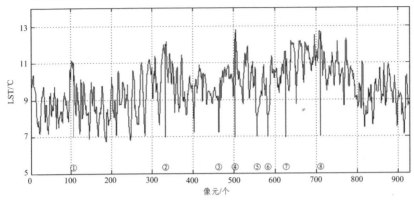

（c）2003 年 01 月 27 日

注：① 京昆高速；② 科学城；③ 涪江；④ 四川长虹电子集团公司；
⑤ 人民公园；⑥ 安昌河；⑦ 长虹大道；⑧ 南郊机场

图 3-24　N—S 剖面地温图

对比分析六幅剖面图发现，绵阳城市热场存在以下特征：

（1）六幅剖面图均反映出，在研究区范围内地温"峰值"和"谷值"相间出现，同时伴有"悬崖"和"陡壁"。由此说明，城市下垫面性质、人口密度和城市功能分区的不同，导致地温亦存在较大差异（Weng et al.，2001；朱佩娟等，2010）。

（2）安昌河、涪江和芙蓉溪在六幅图中均呈现谷值。在 2000 年 3 月份和 2001 年 5 月份尤为明显，并且水体周围也出现明显的峰值；另外，人民公园亦呈现低值。这说明水体和绿地均具有良好的降温效果（周红妹等，2001；陈峰等，2008）。

（3）三幅 W—E 剖面图反映出永兴镇和高新区一直呈现峰值，尤其在 2000 年 3 月份和 2003 年 1 月份最为突出。而涪城老区和游仙区未出现高值，这说明绵阳热中心有外移的趋势。

（4）三幅 N—S 剖面图反映四川长虹电子集团公司和南郊机场均呈现峰值，这表明下垫面性质的差异和人为排放热能也是导致城市温度较高的又一个重要原因。

第 4 章 AVHRR 支持的
城市热场演变分析

第 3 章中选用 TM/ETM + 数据分别研究了绵阳城市热环境的年际规律和季节规律，本章将以 AVHRR 影像为数据源。虽然 AVHRR 数据空间分辨率相对较低，但其具有长时间序列、重复周期短、辐射分辨率较高等特点，目前仍是研究人员进行宏观分析城市热环境的形态及变化过程的主要数据源之一。应用 AVHRR 数据进行城市热环境方面的研究已有众多典型案例（范天锡等，1987；Balling et al.，1988；Roth et al.，1989；赁常恭等，1990；许辉熙等；2007；但尚铭等，2009）。研究共收集 AVHRR 数据近 60 个时次，筛选符合要求的数据 24 个时次，按照数据时段统计于表 4-1 中，所选数据主要集中在 3 月份，影像数量达到 10 幅以上，其结果能较好地反映该时段绵阳城市热环境的实际情况；虽然其余季节数量相对较少，但属随机选取，仍然具有较强的代表性。

表 4-1 AVHRR 数据的分布时段表

年 份	数据时段	卫星号	天气状况	年 份	数据时段	卫星号	天气状况
2002.07.14	17:53	NOAA12	少云	2008.03.02	11:12	NOAA17	晴天
2007.09.18	11:51	NOAA17	晴天	2008.03.02	14:38	NOAA18	少云
2007.09.19	03:21	NOAA18	晴天	2008.03.02	17:21	NOAA16	晴天
2008.02.29	11:59	NOAA17	少云	2010.03.11	02:49	NOAA18	晴天
2008.02.29	17:45	NOAA16	少云	2010.03.12	14:02	NOAA18	晴天
2008.03.01	22:52	NOAA17	少云	2010.03.17	03:28	NOAA18	晴天

年　份	数据 时段	卫星号	天气 状况	年　份	数据 时段	卫星号	天气 状况
2010.03.17	14:50	NOAA18	少云	2010.07.20	03:06	NOAA18	少云
2010.03.18	03:18	NOAA18	晴天	2010.07.21	02:55	NOAA18	少云
2010.03.18	14:39	NOAA18	少云	2011.03.10	10:24	NOAA17	少云
2010.05.01	21:27	NOAA17	少云	2011.06.23	14:30	NOAA18	少云
2010.05.02	07:59	NOAA16	少云	2011.06.24	09:04	NOAA16	少云
2010.05.04	10:41	NOAA17	少云	2011.06.24	14:20	NOAA18	少云

4.1　城市热场的季节特点及演变规律

根据 2.4 节中地温反演方法[（公式（2-18）~（2-22）]，计算 24 个时次 AVHRR 数据的地温。然后借鉴景观生态学理论与方法，对影像进行热力景观类型划分，若采用均值标准差法将热力景观划分为 5 类或 6 类会使高温面积陡增，这与实际情况并不相符。实验发现，基于密度分割法将地温划分为 8 种类型能够取得较好的效果。将Ⅰ~Ⅷ类斑块分别为极高温、高温、次高温、中温、次中温、次低温、低温、极低温，温度逐渐降低，并将第Ⅰ类热力斑块定义为强热中心。

4.1.1　春季城市热场特点及演变规律

按照上述方法，分别将 2008—2011 年春季 16 个时次 AVHRR 影像的地温数据划分成 8 种热力景观，部分分类结果如图 4-1 ~ 4-3 所示。

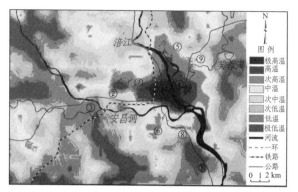

（a）2008.03.01 22：52

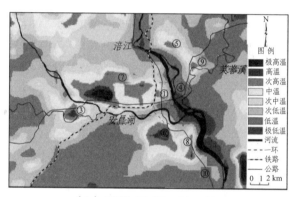

（b）2008.03.02 11：12

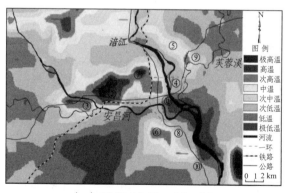

（c）2008.03.02 14：38

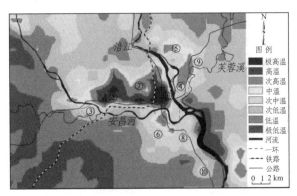

（d）2008.03.02　17：21

图 4-1　绵阳热场昼夜变化（北京时；春季）

（1）图 4-1 揭示了 2008 年 3 月 1 日和 2 日夜间、上午、下午和傍晚四个时段的城市热场的空间分布特点。整体而言，上午、下午和傍晚三个时段城市热场温度普遍偏高。夜间，仅有的一个强热中心出现在安昌河与涪江三角带的老城区（图中①），周围温度相对较低；上午三个强热中心分别出现在高新区（图中②）、永兴镇（图中③）和南郊机场（图中⑥），其余位置出现零星的高温缀块；下午，仅有的一个强热中心出现在高新区（图中②），对比（b）图发现这一热中心向老城区方向转移，其余两个（图中③和⑥）热中心已变得相对较弱，高温缀块数量也明显少于上午；傍晚，"螃蟹"状的强热中心出现在高新区（图中②）和安昌河与涪江三角带的老城区（图中①），且范围较大，对比（c）图发现强热中心已经进一步向老城区移动。

（2）图 4-2 揭示了 2010 年 3 月 11 日、12 日、17 日和 18 日凌晨和下午的城市热场的空间分布特征。凌晨，仅有的一个"蝌蚪"状的强热中心出现在安昌河与涪江三角带的老城区（图中①）范围内，热中心的走向与安昌河和涪江两条河流构成的河网形状相似，且面积较大，由建成区向外热场温度逐渐降低；下午，研究区范围内温度相对较高，建成区范围出现一个强热中心，由高新区（图中②）和科教创业园（图中⑦）联合构成，中心位于高新区内，与图 4-1 中（c）相似，而一环范围内的老城区温度相对较低。建成区以外的南郊机场（图中⑥）温度相对四周而言亦较高。由（d）图可以清晰地看到，在整个热场中涪江流经区域温度最低，且次低温区的形状与河流形状完全一致，由此证明，河流存在明显的降温效果。一个强热中心出现在高新区（图中②），永兴镇（图中③）也形成了一个热中心，但强度相比高新区较弱，安昌河起到了分割两个热中心的作用，其余位置地温相对较低。

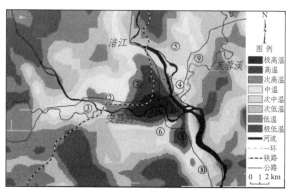

（a）2010.03.11　02：49

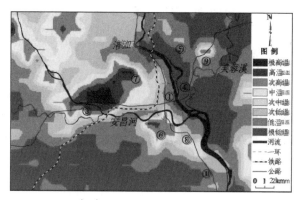

（b）2010.03.12　14：02

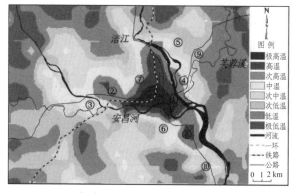

（c）2010.03.17　03：28

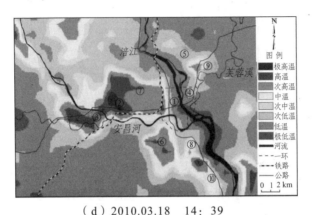

（d）2010.03.18　14：39

图 4-2　绵阳热场昼夜对比（北京时；春季）

（3）图 4-3 揭示了 2010 年 5 月 1 日、4 日晚上和上午绵阳城市热场的空间分布特点。5 月 1 日晚 21：27 建成区范围内出现一个强热中心，位于一环老城区内和经济技术开发区（图中⑧）局部，此与结果图 4-1（a）和图 4-2（a）、（c）结果类似；5 月 4 日 10：41 强热中心由高新区（图中②）和永兴镇（图中③）联合形成，一环路范围内的涪城老城区温度有所下降。此时的经济技术开发区（图中⑧）和南郊工业园（图中⑩）温度也相对较高。

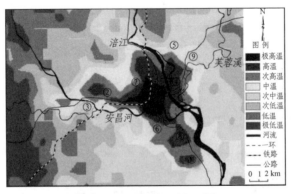

（a）2010.05.01　21：27

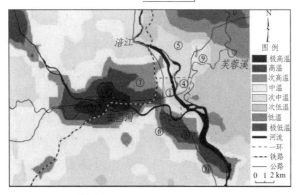

（b）2010.05.04 10：41

图 4-3 绵阳热场昼夜变化（北京时；春季）

综合以上分析发现，绵阳春季（3—5 月）城市热场昼夜演化过程中强热中心的空间转移呈现如下规律：凌晨，仅有的一个强热中心出现在安昌河与涪江三角带的老城区范围内；上午，强热中心向西转移，一般会出现在高新区和永兴镇，由于安昌河的分割作用，形成两个相对独立的强热中心。此时，老城区的强热中心已经消失，并转变成为一个"冷中心"，它与强热中心形成鲜明对比；下午，位于高新区和永兴镇的强热中心仍然存在，此时科教创业园和南郊机场也相继出现强热中心，致使范围进一步扩大；傍晚，永兴镇和南郊机场的强热中心会逐渐减弱并消失，强热中心开始向老城区方向转移；夜间，唯一的强热中心又出现在安昌河与涪江三角带的老城区范围内，建成区范围内其他区域的温度从强热中心开始向建成区以外逐渐降低。在这整个强热中心转移过程中，涪江和安昌河起到了至关重要的作用，由于水体的热惯量较大，白天两条河流升温较慢，对热中心起分割作用，而晚上两条河流降温较慢，促使强热中心连接成为一个整体。结论与前人的研究成果（但尚铭等，2010）吻合较好。

4.1.2 其余季节城市热场特点及演变规律

（1）以 2011 年 6 月 23 日、24 日三个时次数据代表夏季。按照上述方法进行热力景观类型划分，部分结果如图 4-4 所示。

　　图 4-4 揭示了 2011 年 6 月 24 日上午和下午绵阳城市热场的空间分布特征。上午，两个强热中心出现在高新区（图中②）和永兴镇（图中③），安昌河起到了分割热中心的作用，其余位置温度相对较低。该结果与春季同时刻［见图 4-3（b）］热场规律基本一致；下午，强热中心向老城区转移，建成区范围内出现三个主要强热中心，分别位于高新区（图中②）、永兴镇（图中③）和安昌河与涪江三角带的老城区（图中①），高新区和永兴镇两个热中心面积有减小的趋势，另外游仙经济实验区（图中⑨）还出现一个面积较小的强热中心。2011 年 6 月 23 日下午 14：30（图略）呈现出与 b 图像相同的热场分布特征。

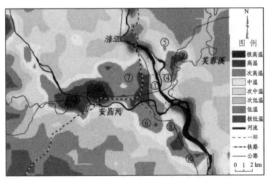

（a）2011.06.24　09：04

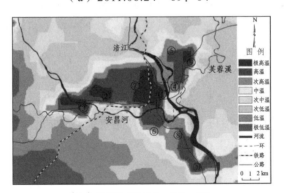

（b）2011.06.24　14：20

图 4-4　绵阳热场对比（北京时；夏季）

　　（2）以 2007 年 9 月 18 日、19 日两个时次数据代表秋季。热力景观类型划分结果如图 4-5 所示。

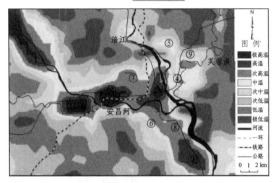

（a）2007.09.18　11：51

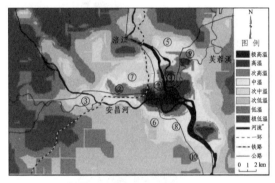

（b）2007.09.19　03：21

图 4-5　绵阳热场昼夜对比（北京时；秋季）

　　图 4-5 揭示了 2007 年 9 月 18 日正午和 19 日凌晨绵阳城市热场的空间分布特征。正午，绵阳市建成区范围内出现三个强热中心，分别位于一环范围内的老城区（图中①）、高新区（图中②）、永兴镇（图中③），老城区的强热中心的范围相对较小；凌晨，高新区和永兴镇的两个强热中心已经退却，而一环范围的老城区强热中心仍然存在，且范围进一步扩大，同时有向东南方向转移的趋势。该变化规律与春季相同时刻 [（见图 4-2（a）、（c）] 表现类似，仅强热中心范围大小有一定区别。

　　（3）以 2008 年 2 月 29 日两个时次数据代表冬季。其热力景观类型划分结果如图 4-6 所示。

　　图 4-6 揭示了 2008 年 2 月 29 日正午和傍晚绵阳城市热场的空间分布特点。与秋季正午热场的空间分布规律不同，冬季正午时分仅在经济技术开发区（图中⑧）出现一个强热中心，高新区（图中②）和科教创业园（图中⑦）联合形成了一个相对较弱的热中心；傍晚，安昌河和涪江三角带的

老城区（图中①）、游仙区局部（图中④）和高新区局部（图中②）联合形成一个大面积的强热中心，主城区范围内的其余各部分温度也相对较高，沿着建成区向郊区方向，温度快速下降，与建成区范围内的高温形成鲜明对比。

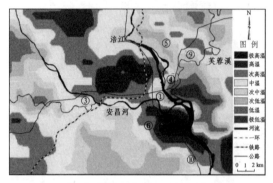

（a）2008.02.29　11：59

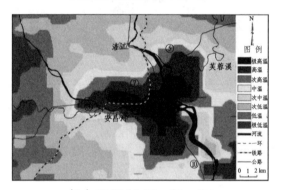

（b）2008.02.29　17：45

图 4-6　绵阳热场对比（北京时；冬季）

4.2　热岛强度的季节和昼夜变化

城市热岛强度及其变化规律是城市热环境遥感研究的一个重要方面。本部分主要针对绵阳城市热岛强度的昼夜变化特征进行分析。3.2.5 节和3.3.4 节分别采用城乡平均温度对比法、热岛区与低温区对比法和热岛面积指数法研究热岛强度的年际和季节变化特征。针对 AVHRR 数据，选择城乡平均温度对比法计算绵阳城市热岛强度值，计算结果统计于表 4-2 中。

表 4-2 反映出绵阳市不同季节昼夜热岛强度变化规律如下：

（1）春季，2008 年 3 月 1、2 日的热岛强度值表明，在该时段夜间的热岛强度值最大为 1.12 ℃，傍晚时分的热岛强度次之，为 1.07 ℃，较小的热岛强度值分别是下午的 0.80 ℃ 和上午的 0.30 ℃；2010 年 5 月 1 日—4 日的三组热岛强度值表明，该时段夜间城市热岛效应的强度高于白天；2010 年 3 月 10 日—12 日的三组热岛强度表明，该时段凌晨城市热岛效应最强，热岛强度值达到 1.34 ℃，上午热岛效应略强于下午；2010 年 3 月 17 日和 18 日四组数据再一次证明，春季绵阳凌晨的热岛效应强于下午，它们的热岛强度平均值分别为 1.13 ℃ 和 0.71 ℃。

（2）夏季，2011 年 6 月 23、24 日的热岛强度值表明，在该时段下午的平均热岛强度值为 1.41 ℃，上午的平均热岛强度值为 0.64 ℃，下午的热岛效应强于上午；2010 年 7 月 20、21 日的两组数据均为凌晨，其平均热岛强度值为 1.30 ℃，而春季 2010 年 3 月 17 日和 18 日凌晨两组数据计算的平均热岛强度值为 1.03 ℃，由此说明夏季凌晨热岛效应强于春季凌晨。

（3）秋季和冬季数据各两组，秋季两组数据显示 2007 年 9 月 18 日和 19 日的热岛强度值正午为 1.10 ℃，凌晨为 0.81 ℃，正午热岛强度大于凌晨；而冬季 2008 年 2 月 29 日两组数据显示，下午热岛强度值为 1.11 ℃，正午的热岛强度值为 0.34 ℃，下午的热岛效应强于正午。

表 4-2　AVHRR 城市热岛强度统计表

季　节	数据时段（北京时）		年　份	热岛强/℃	各时段平均值/℃	昼/夜平均值/℃
春　季3月—5月	上午	11：12	2008.03.02	0.30	0.30	0.60
		10：41	2010.05.04	0.72	0.56	
		07：59	2010.05.02	0.42		
		10：24	2011.03.10	0.58	0.58	
	下午	14：38	2008.03.02	0.80	0.80	
		14：02	2010.03.12	0.55	0.55	
		14：50	2010.03.17	0.72	0.71	
		14：39	2010.03.18	0.70		
	傍晚	17：21	2008.03.02	1.07	1.07	1.09

季 节	数据时段		年 份	热岛强度/°C	各时段平均值/°C	昼/夜平均值/°C
春 季 3月—5月	夜间	22:52	2008.03.01	1.12	1.12	1.09
		21:27	2010.05.01	0.99	0.99	
	凌晨	02:49	2010.03.11	1.34	1.13	
		03:28	2010.03.17	1.06	1.03	
		03:18	2010.03.18	1.00		
夏 季 6月—8月	上午	09:04	2011.06.24	0.64	0.64	1.03
	下午	14:30	2011.06.23	1.55	1.41	
		14:20	2011.06.24	1.26		
	傍晚	17:53	2002.07.14	1.12	1.12	1.21
	凌晨	03:06	2010.07.20	1.31	1.30	
		02:55	2010.07.21	1.28		
秋 季 9月—11月	正午	11:51	2007.09.18	1.10	1.10	1.10
	凌晨	03:21	2007.09.19	0.81	0.81	0.81
冬 季 12月—次年1月	正午	11:59	2008.02.29	0.34	0.34	0.34
	下午	17:45	2008.02.29	1.11	1.11	1.11

4.3　TM 与 AVHRR 的热场特征对比分析

　　TM 数据和 AVHRR 数据是研究城市热环境最常用的两种遥感数据源。TM 数据的热红外波段是第六波段，AVHRR 数据的热红外波段是第四、第五波段。两种类型数据各具特色，TM 数据具有高空间分辨率（热红外波段分辨率为 120 m），但其时间分辨率相对较低；而 AVHRR 数据则具有高时间分辨率（一天内同一区域可获取 4 次过境数据），但其星下点的空间分辨率仅为 1.1 km。根据上述两种类型数据特点。AVHRR 数据的获取相对较容易，所以它通常被用于不同季节或不同年份热场特点的宏观分析，而利用 TM 数据微观分析热场内部结构及特点。

若同时应用上述两种不同分辨率数据，对相同或相近时段内城市热场特征分别从宏观和微观的角度进行分析，将会使研究成果更加客观真实。因此，本部分选择 2011 年 6 月 24 日 09：04（北京时）AVHRR 数据和 2011 年 5 月 17 日上午 11：20（北京时）的 TM 数据，二者时间较接近。根据 2-3 节和 2-4 节相关算法分别完成 AVHRR 数据和 TM 数据的地温反演，获得研究区热场状况如图 4-7 所示。由图可见，二者的热场分布特征比较相近。

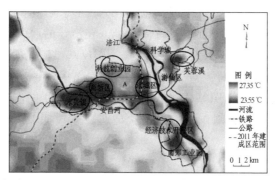

（a）2011.06.24 09：04 （北京时，AVHRR）

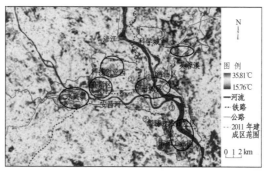

（b）2011.05.17 11：20 （北京时，TM）

图 4-7 AVHRR 与 TM 热场对比图

总体而言，两幅图均反映出各自时段建成区范围内以高温为主。对比 AVHRR 热场与 TM 热场发现二者各具特色，结合使用能够取长补短。

（1）AVHRR 热场适于宏观反映热场状况，TM 热场能详细刻画热场内部结构，不同的下垫面性质对应的地温值存在明显差异，如人民公园、西山公园、南山公园和五一广场等［图 4-7（b）中编号分别为①、②、③和④］所对应的温度较低，而南郊机场［图 4-7（b）中编号为⑤］对应的温度相对较高。

（2）（a）图反映出热场的强热中心是面状，分布于建成区范围内，且面积几乎涵盖了建成区的全部。永兴镇、高新区、科教创业园和涪城区联合构成一个大的强热中心，该区域内仅"A"所处区域内温度相对较低；而（b）图反映出，永兴镇、高新区、科教创业园和涪城区各自形成了一个强热中心，且强热中心内部也存在一些低温缀块，这样的细节在（a）图中并不能得到反映。

（3）（a）图反映出铁路穿过的建成区部分温度较高且面积较大；而（b）图反映铁路沿线温度较高，形成一个高温带，在沿线的西侧有部分低温区域。

（4）对河流降温效果的表现方面：（a）图反映出涪江的降温效果比（b）图明显，很好地反映出河流对强热中心的分割作用；由于安昌河河面较窄，因此其降温作用在（a）图基本上没能得到反映，（b）图能够清晰地反映出其降温和对热中心的分割作用。再一次证明 TM 数据在表现热场内部结构时存在明显优势。

第 5 章 典型城市景观的
热环境效应研究

　　快速城市化进程中，土壤、植被以及水面等众多自然景观被水泥、沥青和金属等人为景观所代替（Vitousek et al., 1997；岳文泽，2008）。景观变化所带来的生态环境改变已成为当前关注的焦点（傅伯杰等，2001）。而城市热环境是城市环境的缩影和综合体现，它更是得到社会各界的广泛关注。

　　目前，随着遥感技术的发展，应用遥感影像能够快速、有效地完成地表覆被类型的识别与分类（冯永玖等，2010；李伟峰等，2011）。遥感影像分类的理论基础是同类地物在相同的观测条件下，应具有相同或相似的光谱信息特征和空间信息特征，使同类地物的内在相似性表现出来，并将其集群在相同的特征空间区域；然而类型不同的地物，由于它们具有不同的光谱信息特征和空间信息特征，所以将其集群在不同的特征空间区域（朱述龙，2000）。

　　本部分利用高分辨率 Quick Bird 遥感影像（融合后空间分辨率为 0.61 m）对城市地表覆被类型信息进行提取。从景观生态学原理出发，由于相同或相似的土地利用类型的景观格局相似性很强（Herald et al., 2005）。因此，结合区域研究背景，通过实地调查，参照《城市用地分类与规划建设用地标准》，本书将城市用地类型归并为六类：建设用地（包括居住用地、公共设施用地、工业用地、仓储用地、市政公用设施用地、其他）、道路（对外交通用地、道路广场用地）、林地、耕地、绿地和水域。本章将以 2007 年 5 月 6 日 Landsat5 的 TM 影像及反演所得 NDVI 和地温等数据为基础，针对河流廊道、城市绿地斑块和城市公园景观的热环境效应进行分析和研究。

5.1 基于决策树的城市景观信息提取

19 世纪初，著名地理学先驱洪堡（A.von Humboldt）把景观作为科学的地理术语，指代"自然地域综合体"，具体是指由气候、水文、土壤、植被等自然要素以及文化现象组成的地理综合体，在地表一定地带内的典型重复（Forman et al.，1986）。景观生态学是研究景观单元的类型组成、空间配置及与生态学过程相互作用的综合性科学（邬建国，2000；傅伯杰等，2001）。景观格局是景观生态学的主要组成部分之一，构建景观格局特征与生态过程之间的内在联系是其研究的主要目的，通过理解景观结构的形成和发展，更好地解释各种景观现象（张金屯等，2000）。随着研究工作的不断深入，国内外学者越来越重视研究人类的生产和生活对景观格局的影响（Medley et al.，1995）。景观格局的研究方法已成为研究土地利用/覆盖变化的最有效手段。而采用高分辨率的遥感影像进行土地利用现状分类，进而制作土地利用图，也成为景观生态学研究中的一种常用方法。本书以Quick Bird 影像为数据源，采用决策树算法结合目视解译完成城市景观信息的提取工作。

5.1.1 决策树遥感信息提取方法

1. 决策树算法原理

决策树（Decision Tree）是一种基于数据挖掘技术，从数据中产生分类器的逻辑方法，它就是一个类似流程图的树状结构。一般而言，决策树由根节点（Root Nodes）、内部节点（Internal Nodes）和分支以及叶节点（Terminal Nodes）组成（刘世平，2010）。其中的每个内部节点代表对一个属性的选择，分支则代表选择结果；而树的每个叶节点代表一个类别。由于决策树分类法具有灵活、直观、清晰、运算效率高等特点，在遥感影像分类方面表现出强大的优势。

国内外学者已经应用决策树算法对不同分辨率的遥感影像进行了分类，并取得了较理想的效果（Friedl et al.，1997；McIver et al.，2002；Collin，2004；李爽等，2003；刘勇洪等，2005；申文明等，2007；袁林山等，2008；单丹丹等，2011）。其分类原理如图 5-1 所示，如果把城市地表覆被类型看成一个根节点，那么可以将其分为植被和城市建设用地两大类，即内部节点 1 和内部节点 2，然后植被又可分为耕地和林地等，其中耕地作为叶节点，而林地作为内部节点 3，因为林地可以划分为针叶林和阔叶林，所以内部节点 3 进一步划分成叶节点；城市建设用地可以划分为建筑用地和道路等，它们都作为叶节点。这样在"根节点"与"叶节点"之间就形成了一个树状结构，在树状结构的每一分叉节点处，根据实际情况可以选择不同的地物用于进一步的有效分类。这就是应用决策树算法进行分类的原理（孙家抦等，1997）。

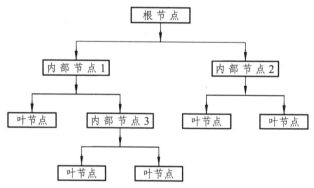

图 5-1　决策树分类器（据 Friedl 修改，1997）

2. 决策树分类算法

决策树分类算法中最常用的模型是基于信息熵的决策树学习算法即 ID3 算法（栾丽华等，2004）。它是 J.R.Quinlan 于 1970 年提出的，并于 1986 年对其进行了总结和完善（Quinlan，1986）。该算法把信息增益作为选择属性的标准，信息增益最大属性作为"最佳"分裂点。但是 ID3 算法在选择分裂属性时偏向于选取取值较多的属性，而这些属性在某些情况下并不是最优属性。相反，在某些情况下取值较少的属性更能为决策提供有价值的信息（曲开社等，2003；张琳等，2011）。1986 年 Schlimmer 和 Fisher 对 ID3 算法进行了改进，提出了 ID4 算法，以解决 ID3 算法中对取值较多属性的依赖性问题。

Quinlan（1993）提出了 C4.5 算法，相比 ID3.0 做如下方面的改进（刘世平，2010）：采用信息增益的比率选择属性，克服了 ID3 算法中取值偏向的问题；C4.5 既可以处理离散性也可以处理连续性的描述属性；在树的剪枝方面，采用一种后剪枝方法，对树的高度增长和过度拟合数据进行有效控制；在缺失数据的处理方面，允许数据缺少某些属性值，缺少的属性可以根据其他已知数据进行预测。

1980 年 Kass 提出卡方自动交互检验决策树（Chi-square Automatic Interaction Detection，CHAID）算法，它是一种基于统计技术的高效率的树的生长算法（Kass，1980）。其核心思想是利用已知的反应变量和经过遴选的解释变量对样本进行最优分割，即在分类的过程中，用卡方检验目标变量并比较众多解释变量，选择其中最优的一个分类变量，同时按照选择的目标属性判断下一阶段的分裂过程（Jordan，1998）。它可以预先选入数据以删除无贡献的变量，并能够通过统计检验不显著的类别进行合并，从而根据变量加入的顺序揭示它们的重要程度（Sprites et al.，2001）。1991 年 Biggs 等人对 CHAID 算法进行了改进，建立了 Exhaustive CHAID（彻底的卡方自动交互检验决策树）以消除由于预测变量取值之间在统计上的差异，而导致无法找到预测变量的最优分割值的缺陷。

分类与回归树（classification and regression tree，CART）是 Breiman 等人于 1984 年提出的，它是生成二叉树的一种数据挖掘技术。与 ID3 类似，它也使用信息熵作为量度标准并以此来选择最佳的划分属性，但是它们的区别在于，当子类生成子节点时，CART 树仅有两个分支，同时在节点划分时更加合理（Breiman et al.，1991）。通过演算法 CART 树会自动检验模型，找出最佳的模型，这是该算法最大的优点之一。随着研究的深入，学者们又提出了可伸缩的决策树归纳算法，如 SPRINT（Scalable PaRallelizable Induction of decision Tree）算法（Shafer et al.，1996），该算法是在不考虑内存大小的前提下应用 CART 技术实现算法的可伸缩性，在最佳划分属性方面，它用 gini 的指标来度量。1998 年 Rastogi 等人提出了 PUBLIC 算法（Rastogi et al.，1998），该算法生成的决策树与使用预剪枝算法生成的决策树完全相同，但效率方面有了显著提高（房祥飞，2007；刘香美，2010）。

5.1.2 研究区城市景观信息提取

1. 训练样本选取

利用计算机对遥感影像进行分类时，训练样本选择的好坏将直接影响分类精度。选择训练样本的目的是估计每一典型地物类型的光谱分布统计特征指数。因此，同一类别训练样本必须是均质，选择训练样本时应尽量避免选择与其他类别之间的边界或混合像元。选择的样本点要具有代表性或典型性，同时还要具备完备性。一般而言，训练样本主要是通过实地收集和屏幕选取获得。实地收集是指利用 GPS 定位，实地记录样本；屏幕选择是指研究者根据本人对研究区的了解或者参考其他影像，数字化每一类别有代表性的像元或区域。

如前所述，本书将城市用地类型划分为六种，即建设用地、道路、林地、耕地、绿地和水域六种。选择不同土地覆盖类型的训练样本（见表5-1），主要来源于研究区 1∶1 万地形图和 Quick Bird 遥感影像。为避免出现等比例训练样本所造成的稀有类型的过多预测现象，根据研究区土地覆盖类型所占比例确定选取的训练样本个数。

表 5-1　建成区土地利用分类系统及影像特征（波段组合 321）

类　型	空间位置及影像特征	影像示例
建设用地	呈规则的几何形状，轮廓清晰，以白色或灰色调为主，也有少量浅蓝色调，较亮	
道　路	呈条带状或格网状贯穿于建成区，以青色或灰色调为主，较亮	
林　地	树冠轮廓清晰，颗粒感明显，簇状或带状分布于河流两岸、主要道路两侧、耕地之间和建筑物之间，有明显的阴影，以暗绿色调为主	

类　型	空间位置及影像特征	影像示例
耕　地	形状较规则，边界明显，田坎清晰，纹理细腻主要分布在建成区周边地形较为平坦的区域，以绿色调为主	
绿　地	呈规则的人工几何形状，轮廓清晰，零星分布于建设用地之间，以深绿色调为主	
水　域	河流带状连续分布，水面及河岸清晰可见，基塘零星分布于耕地和林地之间，形状多不规则，水体颜色保持自然色	

2. 分类结果与精度评定

基于多源数据的决策树构建在 ENVI 4.6 版本软件中完成，为对其分类结果进行评价，从 1 : 1 万比例尺地形图上选择 390 个采样点，通过混淆矩阵进行精度评价，分类结果如表 5-2 所示。

表 5-2　决策树分类精度表

覆被类型	建设用地	道路	林地	耕地	绿地	水域	总数	用户精度
建设用地	109	7	1	0	0	3	120	90.83%
道路	3	52	0	0	0	1	58	89.66%
林地	0	0	47	2	1	0	50	94.00%
耕地	0	0	2	59	4	0	65	90.77%
绿地	0	0	1	3	37	1	42	88.10%
水域	0	0	0	0	0	55	55	100%
总数	112	59	51	64	42	60	390	
制图精度	97.32%	88.14%	92.16%	92.19%	88.10%	91.67%		
总体精度 = 92.05%，Kappa = 0.89								

分析表 5-2 发现，本次采用决策树分类的总体精度达到了 92%及以上，能够满足研究需求。与错分误差相对应的用户精度表明，各地类被错分的概率均较低，但由于道路与建设用地色调较为接近，因此，它们被错分的概率比水域和林地大。同时由于建成区边缘的零星的居民点周围竹林、树木较多且高于房屋，导致影像信息较弱不易判别，在一定程度上也导致建设用地信息提取时困难。与漏分误差相对应的制图精度表明，建设用地、道路、林地、耕地和绿地均存在漏分现象，但漏分误差较低。绿地的漏分点都划分到耕地中，道路的漏分点全部划分到建设用地中，这与实际情况较为相符，建成区中心道路与房屋等较为密集且二者在色调上相似程度较高，导致漏分现象存在。在通过决策数算法分类基础上，结合目视解译法对错分和漏分的地物进行二次分类。图 5-2 为 2007 年绵阳建成区土地利用景观类型分布图。

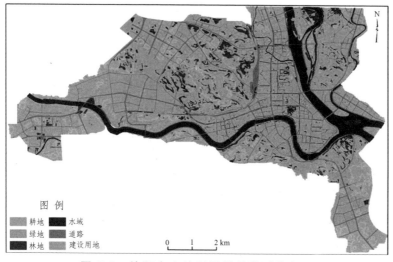

图 5-2　绵阳市土地利用景观类型分布图

5.2　河流廊道景观的热环境效应

水域景观的下垫面性质与其他城市景观差异明显，它对城市热环境的影响更为复杂。总体而言，水体的热惯量较大，所以它的储热能力强，能够降低显热交换，而其热辐射能力与城市建筑表面相比要小得多。AVHRR 温度场昼夜变化结果表明，水体比陆地的温差小。白天主要是吸热，而从傍晚开始直至凌晨主要是放热。同时，如果有大面积的水域存在，还可以形成局部小气候。为进一步分析水域景观的热环境效应，首先，利用城市范围内水域景观分布图掩膜地表热场分布图，从中提取水域景观对应的地温分布状况（见图 5-3）。绵阳市建成区范围内的水域景观主要包括安昌河、涪江、芙蓉溪以及少量小面积基塘等。

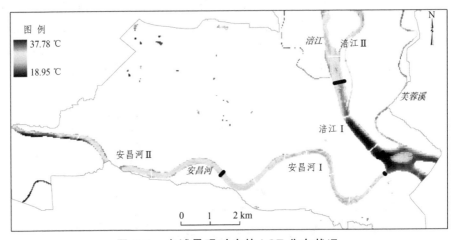

图 5-3　水域景观对应的 LST 分布状况

　　从图 5-3 中发现，水域景观的最低温度为 18.95 ℃，最高温度为 37.78 ℃，平均温度为 26.40 ℃，低于建成区范围内的平均温度（32.63 ℃），说明白天水域景观的降温效果显著。三条河流的水面温度存在明显差异，涪江温度最低，安昌河次之，芙蓉溪整体温度较高。这与河流的宽度、水域面积以及混合像元有较大相关性。随着远离涪城老区，涪江和安昌河温度都逐渐升高，安昌河穿过高新区和永兴镇时水面温度达到最高，而芙蓉溪流经区域温度整体变化较小，所以其水面温度基本保持不变。三条河流形成了三个水域廊道景观。在景观生态学中，景观廊道是物质传播和能量交流的重要通道（肖笃宁等，1997）。所以安昌河、涪江和芙蓉溪对调解绵阳市强热中心与周围环境的热交换、改善城市热环境具有重要意义。

　　鉴于上述分析，本部分将以建成区范围内涪江、安昌河和芙蓉溪三条主要河流为研究对象，分别进行缓冲区分析，研究它们的降温效果。三条河流中涪江的宽度最大，安昌河的宽度次之，芙蓉溪的最窄。河流宽度是其热环境效应显著性的重要指标之一，河流越宽其热环境效应越明显，越窄则越不明显。为了能够准确分析各条河流的热环境效应状况，分别对三条河流的缓冲距离与缓冲区内平均温度进行统计，进而获得河流缓冲距离和缓冲区平均温度关系（见图 5-4）。

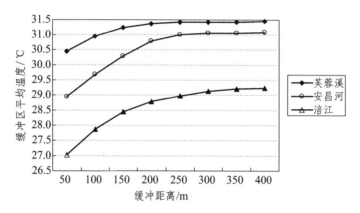

图 5-4 河流缓冲距离与平均温度关系图

总体而言，涪江缓冲区的平均温度最低，其次是安昌河，平均温度最高的是芙蓉溪。分析图 5-4 发现，涪江、安昌河和芙蓉溪分别在 300 m、250 m 和 150 m 处缓冲区平均温度基本保持不变。所以，涪江缓冲距离选择 300 m，安昌河缓冲距离选择 250 m，芙蓉溪缓冲距离选择 150 m。水域景观对应的 LST 分布图（见图 5-3）反映出涪江和安昌河河面温度差异较大，为详细研究其热环境效应状况，将涪江和安昌河分为低温段（Ⅰ）和高温段（Ⅱ）两部分，而芙蓉溪河面温度差异不明显，将它作为一个整体分析。然后，分别以 300 m、250 m 和 150 m 为缓冲距离，对涪江（Ⅰ）、（Ⅱ）、安昌河（Ⅰ）、（Ⅱ）和芙蓉溪做缓冲区分析，并以河流中心线为界将各自缓冲区分割成东西或南北两半，用分割后的缓冲区掩膜地温数据，同时统计缓冲区内平均温度，将统计结果列于表 5-4 中。

表 5-3　三条河流及其缓冲区内热环境温度统计结果 （单位：℃）

河流名称	统计区域	最大值	最小值	标准差	平均值	ΔT
涪江 Ⅰ	河面	29.66	18.95	2.81	23.08	—
	西岸缓冲区	34.97	21.62	1.86	30.51	7.43
	东岸缓冲区	33.61	22.06	2.02	29.69	6.61
涪江 Ⅱ	河面	31.80	19.40	2.87	26.14	—
	西岸缓冲区	37.60	23.64	1.86	31.80	5.67
	东岸缓冲区	35.72	23.37	1.70	29.89	3.76
安昌河 Ⅰ	河面	31.00	23.80	1.52	26.65	—
	北岸缓冲区	34.31	25.09	1.56	30.68	4.02
	南岸缓冲区	33.93	25.09	1.79	30.59	3.94
安昌河 Ⅱ	河面	34.79	24.61	1.39	28.01	—
	北岸缓冲区	37.56	25.79	2.03	32.31	4.30
	南岸缓冲区	38.42	24.90	2.97	31.91	3.90
芙蓉溪	河面	33.90	26.37	1.32	29.74	—
	西岸缓冲区	36.18	25.09	1.40	31.68	1.94
	东岸缓冲区	33.89	27.10	1.55	30.10	0.36

注：ΔT 为各缓冲区温度平均值与相应河面温度平均值之差。

表 5-3 分别从河面及其两侧缓冲区温度的最大值、最小值、标准差、平均值和温度平均值之差反映三条河流的热环境效应状况。以涪江为例，涪江（Ⅰ）、（Ⅱ）河面平均值分别为 29.66 ℃ 和 31.80 ℃，二者相差 2.14 ℃，河面平均温度的差异与其流经区域的温度存在较大相关性；对比涪江（Ⅰ）、（Ⅱ）东岸和西岸缓冲区平均温度发现，西岸缓冲区的平均温度高于东岸，涪江西岸是涪城区，东岸是游仙区，涪城区地温整体高于游仙区的地温。降温显著程度方面：（Ⅰ）段西岸缓冲区平均温度与河面平均温度的差值为 7.43 ℃，（Ⅰ）段东岸缓冲区平均温度与河面平均温度的差值为 6.61 ℃；（Ⅱ）段西岸缓冲区平均温度与河面平均温度的差值为 5.67 ℃，（Ⅱ）段西岸缓冲区平均温度与河面平均温度的差值为 3.76 ℃。涪江对涪城区降温的显著性程度高于游仙区。用同样的方法对安昌河和芙蓉溪降温的显著性程度进行分析，结果表明，二者具有与涪江相似降温效果。由此可见，河面越宽且流经区域温度越高，河流的降温效果越明显。

平均温度能够在某种程度上反映相关变化规律，图 5-5 为河流及其缓冲区平均温度变化曲线（FJ 代表涪江，ACH 代表安昌河，FRX 代表芙蓉溪，Ⅰ、Ⅱ分别代表低温段和高温段，E、S、W 和 N 代表各河流的东、南、西和北四个方向的缓冲区）。

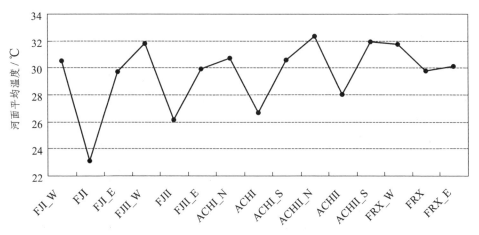

图 5-5　河流及其缓冲区平均温度变化图

从曲线上看，河面温度均是各个研究对象温度最低点，从涪江低温段一直到芙蓉溪河面平均温度逐渐升高，河面两侧缓冲区平均温度也不尽相同，这与河流流经区域关系密切，涪江和安昌河贯穿绵阳大部分建成区范围。而芙蓉溪流经游仙区，且河面较窄、面积较小，所以河面平均温度与缓冲区平均温度相差较小。经上述分析可知，河流越宽、面积越大其热环境效应越强，相反则热环境效应越弱。

5.3　城市绿地景观的热环境效应

5.3.1　地温与植被指数相关性

在环境遥感领域，植被指数已成为研究植被覆盖状况及土地利用/覆被变化的重要手段（高志强等，2000；罗亚等，2005）。对应遥感数据的植被指数类型众多，如归一化植被指数（NDVI）、比值植被指数（IR/R）、差值植被指数（Veg.Index）等，在众多的指数中，归一化植被指数（NDVI）常被大多数学者所采纳。关于 NDVI 的计算方法，已经在相关文献中有过详细论述（Gallo et al.，1993；LO et al.，1997；张兆明等，2007；曾永年等，2010）。

本部分利用 TM/ETM＋数据，旨在分析绵阳市地温与 NDVI 之间的相关关系。已有研究表明，NDVI 与地温之间存在负相关关系（岳文泽等，2006；宫阿都等，2007）。为使这种关系表现得更为直观、形象，按照 3.5.1 节所示位置分别对 2007 年研究区地温和 NDVI 沿 W—E 和 N—S 方向做剖面，应用 MATLAB7.0 完成曲线绘制（见图 5-6 和图 5-7）。按照 W—E 和 N—S 方向分别选取部分特殊位置。在 W—E 方向上永兴镇和高新区温度呈现"峰值"，其对应的 NDVI 呈现"谷值"，而人民公园温度呈现"谷值"，

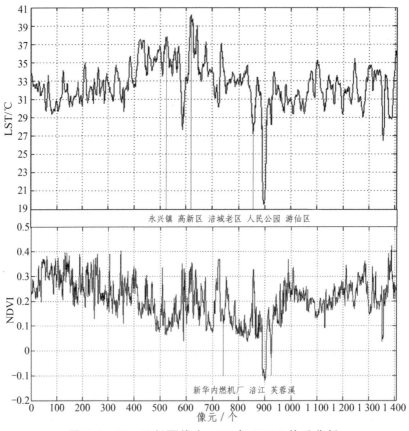

图 5-6　W—E 剖面线上 LST 与 NDVI 关系分析

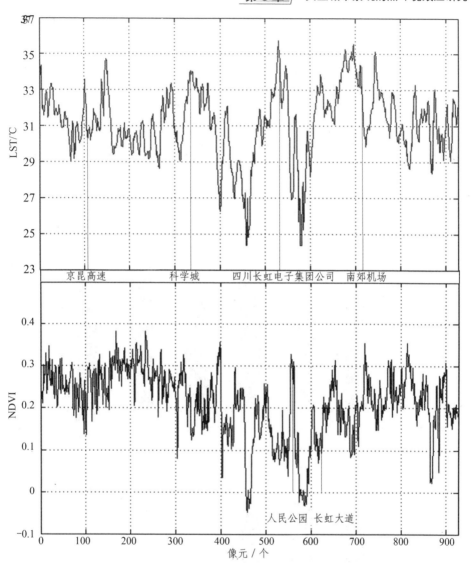

图 5-7 N—S 剖面线上 LST 与 NDVI 关系分析

对应的 NDVI 却呈现"峰值";在 N—S 方向上京昆高速、科学城、四川长虹电子集团公司和南郊机场均呈现温度"峰值",它们各自对应的 NDVI 都呈现"谷值",人民公园温度相对较低,但其 NDVI 值较高。植被覆盖越好的区域这种负相关关系表现得越明显。LST 和 NDVI 在 N—S 方向上的对称性明显优于 W—E 方向。

　　为掌握不同景观类型与 LST 和 NDVI 之间的相关关系，必须分析各景观类型的热环境与植被特征。这里通过各景观类型对应的 LST 均值和 NDVI 均值来反映。LST 和 NDVI 均值可以利用土地利用景观类型分布图与 LST 与 NDVI 栅格图进行叠加，并统计各自的均值及标准差。

　　图 5-8 和图 5-9 反映了不同景观类型 LST 与 NDVI 的均值，误差曲线代表各自的标准差。从图 5-8 可以看到水域景观 LST 均值最小，道路和建设用地均值相对较大，这是因为建设用地主要包括居住用地、公共设施用地、工业用地和仓储用地，它们均以显热表面为主，同时会排放大量人为热能，建设用地往往容易形成城市的热中心；而道路温度较高的原因，一方面是由其下垫面性质决定的，另一方面道路上行驶的汽车排放大量的废

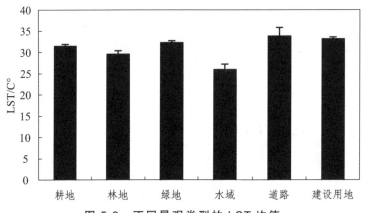

图 5-8　不同景观类型的 LST 均值

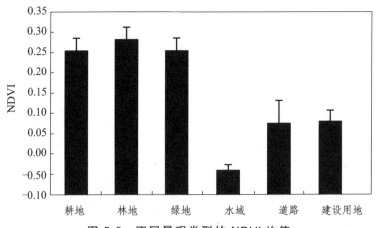

图 5-9　不同景观类型的 NDVI 均值

气也是其表面呈现高温的原因。对于耕地、林地和绿地而言，LST 均值居中，主要是由于它们植被覆盖较好，有较高的水分蒸发率。图 5-9 反映各景观类型 NDVI 均值变化。除水体以外，各景观类型中 LST 均值较大，其对应的 NDVI 均值则较小，二者呈显著的负相关关系。

众多文献分析了地温与 NDVI 之间的相关关系。例如：Weng 等（2004）针对不同的土地利用类型研究二者之间的关系，研究发现它们之间的负相关关系显著；刘艳红等（2009）利用 NDVI 研究绿地的热环境效应，同时针对地温和 NDVI 进行线性回归并建立回归方程，分析发现二者之间同样存在显著的负相关关系。由于水体与 NDVI 之间存在显著的正相关关系，为进一步讨论绵阳市地温与 NDVI 之间的负相关关系，首先利用河流对地温进行掩膜运算，获得除河流以外其他景观的地温分布状况，并对其二维散点图进行线性回归，回归结果如图 5-10 所示（y 轴代表 LST，x 轴代表 NDVI）。结果表明，对于不同城市景观类型，植被覆盖程度较好导致较高的蒸腾率，同时能够加速热交换，相应的景观类型则具有较低的地温（Wilson et al.，2003）。

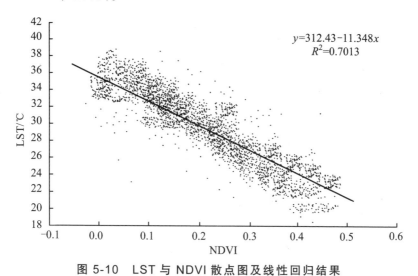

$$y = 312.43 - 11.348x$$
$$R^2 = 0.7013$$

图 5-10 LST 与 NDVI 散点图及线性回归结果

5.3.2 绿地景观的热环境效应

上述分析表明，绵阳城市地温与 NDVI 存在显著的负相关关系。一般而言，NDVI 值越大表明植被覆盖状况越好（河流除外），良好的植被覆盖能够有效降低地温（程承旗等，2004）。因此，对于城市建成区而言，城市绿地就显得极为宝贵。城市绿地是城市生态系统中不可或缺的一部分，它对于缓解城市热岛效应、改善城市热环境和调解碳氧平衡等方面都起着至关重要的作用（刘学全等，2004；吴耀兴等，2008；张波等，2010）。一直以来，众多学者从不同角度、采用不同方法对城市绿地与城市热环境的相关关系进行了研究（Ashie et al., 1999；Kikegawa et al., 2006；Yu et al., 2006；Rizwan et al., 2008；何介南等，2011），并取得了一定的成果。但目前大多数的研究都停留在数值模拟和预测阶段（贾刘强等，2009），并未进行实际的推广应用。而以绿地斑块为研究对象，分析斑块的景观指数与热环境的量化关系，也是部分学者在个别城市展开。下面以绿地斑块为研究对象，选择斑块面积、斑块周长和形状指数（详见 3.1 节），通过缓冲区分析、统计分析和回归分析相结合的手段，研究三者与热环境效应之间的定量关系。

1. 绿地斑块对周围温度影响范围的确定

关于绿地斑块对周围温度影像范围确定的方法，大部分学者借助的是缓冲区分析（高凯等，2010；张波等，2010；雷江丽等，2011）的方法。即首先在 ArcGIS 软件中对样本斑块进行缓冲区分析，利用缓冲区范围对地温进行掩膜处理，从而获得缓冲区对应的温度分布图；然后利用 ArcGIS 软件完成对每个样本及其缓冲的平均温度计算；最后对样本的平均温度和缓冲区的平均温度做差，分析其差值变化，进而确定降温范围。

本节将借鉴上述方法完成绵阳建成区范围内绿地斑块对周围温度影响范围的界定。实际操作时需要注意以下两个问题：首先，在选择样本时，应避免选择在水体附近，以免水体干扰其降温效果；其次，选择的样本之间应保持足够距离，以免样本缓冲区相互叠加。参照上述要求在研究区范围内选择 120 个样本，剔除 12 个不满足要求的样本，有效样本数共 108 个，108 个样本包含了乔木（林）、灌木（林）、人工草坪、花圃等。经多次缓冲对比分析，确定缓冲距离为 70 m，即斑块的降温范围确定为 70 m。

2. 绿地斑块的降温程度分析

按照上述方法分别对样本斑块的面积、周长和形状指数进行统计分析。统计发现，各样本缓冲区的平均温度明显高于样本的平均温度，鉴于极端温差的局限性，下面将利用缓冲区与样本的平均温差来反映绿地斑块对周围热环境影响的一般规律。可以用对数模型分别对样本斑块的面积与平均温差、周长与平均温差和形状指数与平均温差进行模拟。具体拟合模型见图 5-11 ~ 5-13，其中 y 轴为绿地斑块与周围缓冲区的平均温差，x 轴分别代表斑块的面积、周长和形状指数。

图 5-11 反映了斑块面积与平均温差的相关关系，拟合的对数模型为 $y = 1.807\,3\ln x + 2.553\,5$。分析发现，当面积从 $0\ hm^2$ 开始增加到 $2\ hm^2$ 左右时，温差迅速从 $0\ ℃$ 增加到 $4\ ℃$，而从 $2\ hm^2$ 继续增加的过程中，温差变化速率明显变缓，这说明将绿地斑块面积规划为 $2\ hm^2$ 将会使其降温效果达到最佳，无限制地增加绿地面积并不能达到理想效果。图 5-12 反映了斑块周长与平均温差的相关关系，拟合的对数模型为 $y = 1.348\,5\ln x + 3.148\,4$。分析发现，当周长从 $0\ km$ 开始增加时，温差也随之增加，在 $0.7\ km$ 以内时，温差增加比较迅速。图 5-13 反映了斑块形状指数与平均温差的相关关系，拟合的对数模型为 $y = -1.941\,7\ln x - 2.917\,8$。形状指数综合考虑了周长和面积的特性，用周长与面积之比作为评价斑块复杂程度的标准。分析发现，形状指数从 0 增加到 0.1 时，温差从 $8\ ℃$ 降低到 $1.5\ ℃$；当形状指数从 0.1 增加到 0.2 时，温差从 $1.5\ ℃$ 降低至 $0.2\ ℃$ 左右。由此可见，当面积相同的前提下，形状越复杂，斑块内部与周围环境相互作用越强烈，绿地斑块对周围热环境的降温效果也越好。

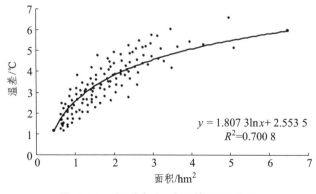

$$y = 1.807\,3\ln x + 2.553\,5$$
$$R^2 = 0.700\,8$$

图 5-11　温差与绿地斑块面积关系

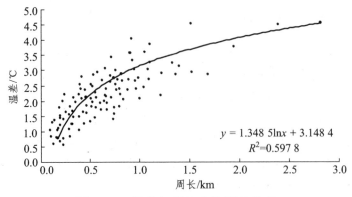

图 5-12　温差与绿地斑块周长关系

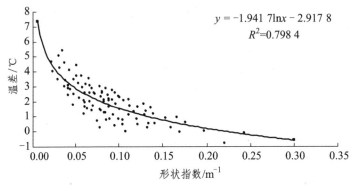

图 5-13　温差与绿地斑块形状指数关系

综合以上分析和三个拟合函数及图像发现，形状指数与温差反映得最为敏感，其次是面积指数，周长指数则反映最弱。因此，在城市景观规划中，对于城市绿地斑块设计，在考虑面积的前提下，不但要兼顾美观，还应对绿地斑块的形状进行优化，使其形状不能过于单一、规则，增加其复杂程度将有助于绿地斑块与周围环境的能量交换，最大限度地发挥其改善和提高城市生态环境的效率。

5.4　城市公园景观的热环境效应

在城市内部，公园景观的环境效应显著区别于其他景观类型。公园除了为市民提供休憩的场所外，对城市环境的改善也起到极其重要的作用，特别是其内部融合乔木、灌木、绿地和水体等，对降低城市温度、缓解城市热岛效应具有显著的效果。因为无论植被还是水体相对于建筑物和水泥、沥青路面都具有较大的热惯量、热容值以及较低的热传导和热辐射率（Huang et al., 1987；Zhou et al., 1994；岳文泽，2008；徐丽华等，2008）。因此，公园景观具有明显的降温效果。从景观生态学上看，公园景观是以斑块的形式镶嵌于其他城市景观类型中，由于其温度相对较低，所以一般在城市热场中会形成高温空洞。

5.4.1 城市公园景观的空间格局

绵阳市属中小城市，建成区范围内及城边共有 7 个公园，文中选择其中6 个（科学城公园除外），即西山公园、人民公园、富乐山公园、洞天公园、南山公园和南湖公园为研究对象，公园空间分布及其热环境状况参见图5-14。其中一环路以内仅有人民公园，西山公园、洞天公园和南山公园紧靠一环路，南湖公园则靠近南郊机场，富乐山公园位于游仙区内芙蓉溪旁。从空间位置上看，洞天公园和南山公园均位于安昌河岸，而人民公园距安昌河也仅几百米。

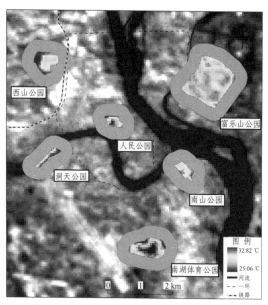

图 5-14　公园景观的空间格局及其热环境

注：缓冲区距离为 360 m。

5.4.2 城市公园斑块特性及其热环境效应

对公园景观斑块的热环境效应研究的技术路线主要分为以下几步：首先，利用图 5-14 提取公园斑块的空间格局，并计算每个公园斑块的面积；其次，将公园斑块与城市地温图进行空间叠置，统计每个公园斑块的平均温度、最高温度、最低温度和标准差（见表 5-4）；再次，统计分析每个公园斑块对周围温度的影响范围；最后，分析各个公园斑块的降温效果。

分析表 5-4 发现，除富乐山公园外其余几个公园面积比较接近。各个公园斑块的平均温度南湖体育公园最低为 28.42 ℃，洞天公园最高为 30.57 ℃。虽然富乐山公园面积最大，但其斑块平均温度并不是最低；而南湖公园虽然面积仅为前者的 1/3，但由于其内部景观类型中包含大面积的水体，所以平均温度最低。标准差方面，南山公园和富乐山公园的较小，仅为 0.7 左右，这说明它们的像元温度范围相对集中，公园中各景观类型一致性较好。

表 5-4 公园景观斑块面积及热环境统计结果

公园名称	面积/m²	平均温度/℃	最高温度/℃	最低温度/℃	标准差
人民公园	134 447.65	28.62	31.53	26.31	1.33
南山公园	183 671.20	29.67	32.38	28.50	0.76
洞天公园	119 367.41	30.57	32.22	28.00	0.96
富乐山公园	791 874.18	28.43	31.07	27.02	0.73
西山公园	228 271.53	29.97	32.64	28.35	1.07
南湖体育公园	281 756.76	28.42	33.12	25.06	1.66

为研究公园斑块的热环境效应，首先应界定每个公园斑块对周围环境的影响范围。采用缓冲区分析的方法，分别对 6 个公园斑块进行缓冲区分析，缓冲距离分别选择 60 m、120 m、180 m、240 m、300 m 和 360 m；然后，分别利用 60 m、120 m、180 m、240 m、300 m 和 360 m 的缓冲区与地温分布图进行叠置；最后，应用 ArcGIS 软件统计各自缓冲区内的平均温度，并绘制缓冲距离与缓冲区内平均温度曲线，如图 5-15 所示。其中，富乐山公园、西山公园和南湖体育公园走势基本相同，随着缓冲距离的增

加缓冲区平均温度逐渐升高而且变化幅度越来越小，说明其降温效果逐渐减弱。其余三个公园由于空间位置特殊，导致各自所对应的曲线变化各异，人民公园在缓冲距离从 60 m 增加到 240 m 的过程中平均温度逐渐增加，当缓冲距离增加到 300 m 和 360 m 时缓冲区平均温度逐渐减小，这主要是由于当缓冲距离到达 300 m 时，缓冲区面积包含部分安昌河面，河面温度对缓冲区平均温度影响较大。洞天公园建于安昌河边，所以缓冲距离从 60 m 至 240 m 时包含安昌河，当缓冲距离为 300 m 和 360 m 时，包含安昌河北岸的涪城区。南山公园由于涪江和安昌河两条河流双重作用的影响，导致其缓冲区平均温度呈下降趋势。

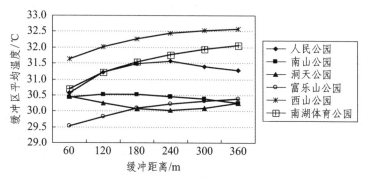

图 5-15 公园景观的缓冲距离与缓冲区平均温度曲线

为研究公园斑块对周围环境的影响程度，选择有代表性的 4 个公园（人民公园、富乐山公园、西山公园和南湖体育公园）为研究对象。在 ArcGIS 软件中统计各公园斑块的平均温度及 0～60 m、60～120 m、120～180 m、180～240 m、240～300 m 和 300～360 m 六个缓冲带的平均温度，统计结果见表 5-5，然后生成平均温差与缓冲距离曲线（见图 5-16）。

表 5-5 公园景观斑块对周围环境影响统计结果

公园名称	缓冲环/m					
	0～60	60～120	120～180	180～240	240～300	300～360
人民公园	0.90	0.64	0.28	0.07	− 0.16	− 0.13
富乐山公园	1.10	0.30	0.26	0.16	0.08	0.07
西山公园	1.66	0.37	0.25	0.18	0.08	0.04
南湖体育公园	2.28	0.52	0.34	0.21	0.18	0.12

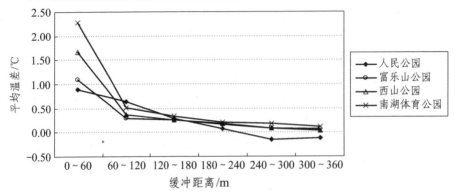

图 5-16　公园景观的缓冲距离与缓冲区平均温差曲线

表 5-5 和图 5-16 综合反映出公园斑块呈现如下降温规律：总体而言，公园斑块对周边环境起到明显的降温作用，但在 0～360 m 范围内降温速率各异。在 0～60 m 范围内各公园降温效果最明显，这与其他城市的同类研究结果相似（周东颖等，2011），其中南湖公园降温幅度最大，达到 2.28 ℃；西山公园次之，达到 1.66 ℃；富乐山公园和人民公园较小，分别为 1.10 ℃ 和 0.90 ℃。在 60～120 m 范围内降温幅度均下降，此时人民公园的降温幅度最大，为 0.64 ℃，随着距离的不断增加，降温幅度也明显减弱，当距离在 300～360 m 时，人民公园的降温效果为负值，富乐山公园和西山公园为 0.07 ℃ 和 0.04 ℃，这与周围环境温度几乎相同，南湖体育公园的降温幅度为 0.12 ℃。由此可见，绵阳市四个典型公园斑块的显著降温范围约为 60 m。在 60～180 m 范围内时，虽然降温效果明显减弱，但仍能起到一定的降温作用。当距离超过 180 m 后，缓冲区的平均温度近似地等于周围温度，既已基本失去降温作用。

经上述分析可知，公园斑块的降温效果不但与面积有关而且与其内部景观组成和斑块空间位置关系密切。例如，南湖体育公园和富乐山公园同处绵阳一环路以外，富乐山公园面积约为南湖公园面积的 2.8 倍，但是两个公园的平均温度近乎相同，这主要是由于南湖公园中湖面面积占总面的 75% 左右所致。在 0～60 m 范围内，南湖体育公园降温幅度是富乐山公园的 2 倍；在 60～120 m、120～180 m、180～240 m、240～300 m、300～360 m 范围内，南湖体育公园降温幅度是富乐山公园的 1.7 倍、1.3 倍、1.3 倍、2.25 倍和 1.7 倍。由此可见，进行公园景观规划时，不但要考虑其面积大小，而且公园内部景观构成也应纳入相关部门的考虑范围之内，以期让公园景观在城市生态系统中达到最佳的生态效果。

第6章 成果与认识

"西部大开发"是西部城市高速发展的主要驱动力之一,土地利用/覆被类型的改变以及城市人口数量的急剧增加是城市化的直接表现。城市化是区域气候和生态环境发生改变的背景和根源,它导致了诸如大气污染、生态失衡、城市热环境异常等一系列环境和生态问题,其中以城市热环境问题尤为突出,它将成为今后城市实现可持续发展和人居环境质量改善的严重阻碍。

基于上述原因,本文以西部中等城市——四川省绵阳市为典型案例,在 GIS 技术的支持下,以高、中、低三种不同空间分辨的遥感影像为主要数据源,配合基础地理数据和相关文档资料,揭示绵阳年际、季节和昼夜不同时间尺度上城市热环境的时空演化规律,同时定量分析不同城市景观的热环境效应。现将本文取得的研究成果与作者的认识和进一步工作的建议简述如下:

6.1 主要成果

(1)对主要地表温度反演模型进行分析和对比,可以为同类研究提供很好的参考和借鉴。

地温是表征城市热环境状况的重要指标之一,其反演精度的好坏将直接决定后续分析的可靠性。本文涉及地温反演的遥感数据包含 AVHRR 和

TM/ETM + 两类。分别采用劈窗算法和基于影像的方法完成 AVHRR 和 TM/ETM + 的地温反演工作。两种方法均具有反演精度高、操作简便、可执行性强等特点。

（2）联合 Landsat TM/ETM + 与 NOAA/AVHRR 遥感数据揭示绵阳城市热环境年际、季节及昼夜演化特征，为类似研究提供方法借鉴。

① 以 1988 年 5 月 1 日、2001 年 5 月 13 日、2007 年 5 月 6 日和 2011 年 5 月 17 日 TM/ETM + 遥感影像为数据源，研究 1988—2011 年 23 年间 5 月份绵阳城市热场的空间格局及变化、热力景观类型与景观格局指数变化、热力重心与城市热岛强度变化。结果表明：斑块总个数和斑块总面积始终保持较快增长，热力景观破碎度等 4 个指数均反映出在 1988—2001 年间，热力景观破坏程度最大，而 2001—2011 年热力景观破坏程度有所缓和；结合城市重心和热力重心分析城市热环境时空演化特征。结果显示，23 年间城市重心的转移方向依次为：北偏西方向→南偏西方向→南偏东方向。对于城市热力景观斑块而言，最能代表城市强热中心的是高温和次高温斑块，二者热力重心转移规律如下：高温斑块的转移方向依次为：北偏西方向→正西方向→南偏东方向，次高温斑块的转移方向依次为：北偏西方向→南偏西方向→南偏西方向，城市重心的转移路径与高温和次高温两类热力景观类型的转移路径大致相同。由此说明，城市化成为城市热环境异常的主要驱动力之一。运用城乡平均温度对比法、热岛面积指数法和热岛区与低温区对比法三种方法计算绵阳 1988 年、2001 年、2007 年和 2011 年热岛强度值，其中前两种方法计算结果与实际情况吻合较好，而第三种方法计算的热岛强度明显偏高。运用前两种方法计算出四个年份绵阳城市热岛强度值分别为 3.65 ℃、1.77 ℃、1.07 ℃ 和 0.55 ℃，表明 1988—2011 年 23 年间，绵阳市 5 月份热岛效应呈现明显减弱的趋势。

② 以 2001 年 5 月 13 日（代表春季）、2000 年 11 月 2 日（代表秋季）和 2003 年 1 月 17 日（代表冬季）TM/ETM + 遥感影像为数据源，研究春、秋和冬三个季节城市热场的空间格局及变化、热力景观类型与景观格局指数变化、热力重心、城市热岛强度和热场表面的剖面特点。结果表明：热力景观破碎度等 4 个指数均反映出，三个季节中热力景观破坏程度由大到小的顺序为秋季、冬季和春季；高温和次高温斑块的热力重心转移规律分别为：高温斑块的转移方向为：北偏东方向→南偏东方向，次高温斑块的转移方向为：正西方向→南偏西方向；运用城乡平均温度对比法和热岛面积指数法计算出春、秋和冬三个季节绵阳城市热岛强度值分别为 1.77 ℃、

0.78 ℃ 和 0.94 ℃。由此表明，在所选时段内绵阳市春季热岛效应最强、冬季次之，秋季最弱。沿 W—E 方向和 N—S 方向做剖面分析发现，地温与城市下垫面性质、人口密度和城市功能分区密切相关，永兴镇、高新区、四川长虹电子集团公司、南郊机场和涪城老区等区域呈现明显高于周围温度的峰值就很好地说明了这一点。另外，水体和绿地均对应相对较低的温度值。

③ 以 AVHRR 影像为数据源，分析绵阳城市热场及热岛强度的昼夜演化特征。结果表明：基于密度分割法将热力景观划分为 8 种类型比均值标准差法划分为 5 或 6 种类型更加符合实际情况。研究各个时次绵阳热场分布图发现，上午、正午和下午一般有多个强热中心，分别位于永兴镇、高新区、涪城老区或经济技术开发区，原因是这些区域集中大量工厂或人口密度较大，而傍晚、夜间和凌晨强热中心仅有一个，并且均位于涪城老区，只是强热中心面积大小不一。在这整个强热中心转移过程中，涪江和安昌河起到了至关重要的作用，由于水体的热惯量较大，白天两条河流升温较慢，对热中心起分割作用，而晚上两条河流降温较慢，促使热中心连接为一个整体。总体而言，夜间的热岛强度值大于白天，分析三月份数据可知，一天内热岛强度值从大到小的顺序依次是凌晨、夜间、傍晚、下午和上午。

（3）对河流廊道、城市绿地和城市公园三种典型城市景观的热环境效应进行分析，为城市规划等部门提供技术支持。

分析河流廊道景观、城市绿地景观和城市公园景观的热环境效应，总体而言，三者均存在明显的降温作用，但降温效果差异较大。研究结果表明：河流对周围环境降温效果最明显，通过对缓冲距离进行统计发现，涪江、安昌河和芙蓉溪三条河面面积不同的河流，涪江影响范围半径约为 350 m，安昌河影响范围半径约为 250 m，芙蓉溪影响范围半径约为 150 m，将河流缓冲区分成两部分研究（东岸、西岸或南岸、北岸）。涪江和芙蓉溪西岸缓冲平均温度高于东岸，安昌河北岸缓冲区平均温度高于南岸。对地温和 NDVI 做剖面分析发现，除水体外二者呈现显著的负相关关系，各景观类型斑块的平均温度统计中，林地的温度最低，道路的温度最高；城市绿地的降温效果与绿地斑块的面积、周长呈正比，若用周长面积比作为形状指数，则形状指数越复杂降温效果越明显。通过对斑块面积和平均温差（缓冲区平均温度与其所对应的斑块平均温度之差）进行回归分析发现，在城市规划中将绿地斑块面积设计为 2 hm² 左右时降温效果最佳，在保证面积不变的前提下，形状越复杂降温效果越显著；城市公园景观的降温效果不但与公园斑块的面积有关，与公园景观类型组成也较大关系，所以对城市公园景观进行规划时应注意乔木、灌木和人工草坪的合理级配，同时还应在公园内部增加一定面积的水域，这样降温效果会更好。

（4）研究城市热环境演变的驱动机制，为改善城市热环境质量提供理论依据。

将城市热环境的成因归结于下垫面性质改变、人为热能的排放和大气污染三个方面，为改善城市热环境提高人居生活质量，必须控制城市化的速度，保护自然植被覆盖，倡导低碳生活，减少人为热能和有污染的气体的排放量。

6.2　进一步工作的建议

本文获取的是初步的研究成果，许多方面仍需加强和完善，进一步工作方向可从以下几点入手：

（1）本研究中收集的 AVHRR 数据形成一个的时间序列并不是最理想的，仅春季（3 月份）的数据较为完备，其余时段数据较为零散，无法得出系统、全面结论，

（2）由于受天气状况的影响，收集的 AVHRR 数据在时间上没有能够与 TM/ETM+ 在时间上形成较好地吻合。因此，没能实现针对同一研究时段二者宏观和微观的详细对比分析。

（3）对典型景观的热环境效应进行回归分析时仅采用一元回归，而影响城市热环境的因素错综复杂，如何建立一个普适性较强的评价指标体系，通过对各指标权重的分析与计算，建立符合研究区特性的多元回归模型，是我们进一步研究的重点。

6.3　成因分析

城市热环境作为城市生态环境的重要组成部分，对城市健康成长的作用日益突出。城市景观的热环境效应会导致城市空气质量下降、污染加剧，

还会影响到区域气候、城市降水、城市土壤理化性质以及诸多城市生态过程（肖荣波等，2005；王伟武等，2009）。城市热环境已成为经济增长和社会可持续发展矛盾的集中表现。因此针对城市热环境演变的驱动机制与对策研究显得尤为重要。但是，影响城市热环境的因素错综复杂，例如：全球性气候变暖是导致这一现象的自然因素（邓玉娇等，2008）。另外，区域下垫面性质的改变、城市功能分区、工业能耗以及人为热能的排放等因素则是该现象产生的人为因素。岳文泽（2008）提出的城市热环境的影响因子和评价指标体系中，一级指标主要包括：城市下垫面建设规模、人类活动强度和生态环境改善，通过该指标体系能够较好地研究影响城市热环境的因子。

参考上述评价指标体系，结合本研究区实际特点和已有数据情况，将城市热环境演变的驱动机制归结为以下三个方面：下垫面性质改变、人为热能的排放和大气污染。

1. 下垫面性质改变

Streutker（2002）在研究美国休斯敦城市热环境时曾指出，下垫面性质改变是改变城市热环境的主要原因。由于城市与郊外的下垫面性质有显著区别，大量的水泥、沥青等促进热环境强度的元素增加，而耕地、林地和绿地等降低热环境的因素则呈下降趋势。绿色植被能有效地吸收太阳辐射，净化空气降低热环境强度。研究绵阳市不同城市景观的热环境发现，建筑物、道路等景观的温度明显高于公园、绿地等景观的温度。例如，2007年 5 月 6 日 TM 影像中建筑物表面平均温度达到 42.81 ℃，道路表面平均温度达到 41.73 ℃，绿地表面平均温度为 30.07 ℃，而公园景观的平均温度为 26.80 ℃，涪江表面平均温度仅为 19.40 ℃。各类景观表面的平均温度差异明显。

城市化最直接的结果是下垫面性质的改变。由于城市规模的扩大和不断发展，导致高楼林立，建筑物大量集中。密集的建筑物会阻碍空气流通，导致通风效果减弱，不利于热能的散失。以 TM/ETM + 遥感影像为基础，利用影像第四波段和第五波段的特性，运用仿归一化植被指数法（杨山等，2002；仇文侠等，2010），同时配合监督分类和目视解译的方法对绵阳市1988—2011 年部分年份的建成区面积进行自动提取并计算，部分年份建成区面积如图 6-1 所示，建成区范围叠加如图 6-2 所示。总体而言，绵阳建成区面积始终保持较快速度增长。1988 年绵阳市建成区面积约为 14.99 km^2，而 2011 年建成区面增大到 118.08 km^2 左右，23 年间净增量约为 103.09 km^2，年均净增量约为 4.48 km^2。建成区的迅速扩展，势必会导致下垫面性质发生改变，大量的植被遭到破坏，而这些植被能有效地阻挡和吸收太阳辐射，缓解热岛效应的强度。另外，建成区范围扩大，建筑物数量、密度进一步增加，这将会阻碍空气流通减小风速，不利于热能的扩散。

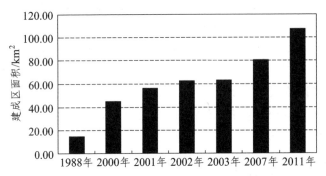

图 6-1 1988—2011 年绵阳市建成区面积变化

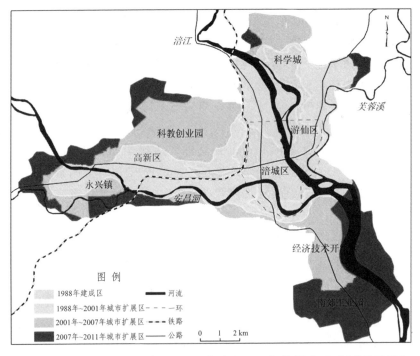

图 6-2 1988 年、2001 年、2007 年和 2011 年绵阳市建成区图斑叠加

2. 人为热能的排放

城市中人为热的产生和排放是城市热环境异常的又一重要原因。工厂生产、交通运输以及居民生活都需要燃烧各种能源或燃料，它们每天都在向外界排放大量的热能。随着经济的快速发展，大量人口涌入城市，这将直接导致人口、生产以及交通更加集中，工业生产、家庭炉灶、内燃机所排放的热能也迅速增加，这些热能将直接加热建成区内的大气环境。

研究表明，城市人口数量增长与城市热岛效应呈现最强的正相关（赵志敏，2008）。根据绵阳市2002—2009年年鉴对绵阳市建成区人口进行统计，统计结果如图6-3所示，7年间绵阳市城区人口逐渐增加，2002年绵阳市城区人口约106万，到2009年这一数字达到122万，增加人口16万。人是城市的主体，人口的增加势必导致人类活动加剧，与城市热环境的相互作用增强，人的衣、食、住、行都会产生相应的热能，这将使城市热环境效应增加。

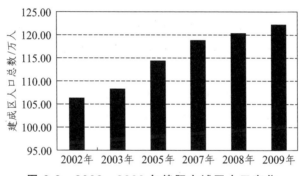

图6-3 2002—2009年绵阳市城区人口变化

3. 大气污染

地球上正常大气的成分主要包括氧气和氮气，分别占21%和78%，还有1%是其他物质，如氩、二氧化碳、一氧化二氮、水汽、一氧化碳、二氧化硫和臭氧等。然而由于城市中大量的机动车、工厂和居民等人为因素，致使二氧化碳、一氧化二氮和二氧化硫等有害气体的含量升高，总悬浮颗粒物密集。由于导致温室的气体含量增加，促进了温室效应的形成，势将加剧城市热环境效应的强度。

参考文献

[1] Akinbode OM，Eludoyin AO，Fashae OA. Temperature and relative humidity distributions in a medium-size administrative town in southwest Nigeria[J]. Journal of Environmental Management，2008，87：95-105.

[2] Artis D A，Carnahan W H. Survey of emissivity variability in thermography of urban areas[J]. Remote Sensing of Environment，1982，12（4）：313-329.

[3] Ashie Y，Thanh C V，Asaeda T. Building canopy model for the analysis of urban climate[J]. Journal of Wind Engineer and Industrial Aerodynamics，1999，81（1-3）：237-248.

[4] Balling R C，Brazel S W. High-resolution Surface Temperature Patterns in a Complex Urban Terrain[J]. Photogrammetric Engineering and Remote Sensing，1988，54：1289-1293.

[5] Biggs，D，B. De Ville，E. Suen. A method of choosing multiway partitions for classification and decision trees[J]. Journal of Applied Statistics，1991，18：49-62.

[6] Chander G，Markham B. Revised Landsat-5 TM radiometric calibration procedures and postcalibration dynamic ranges[J]. IEEE Transactions on Geoscience and Remote Sensing，2003，41（11）：2674-2677.

[7] Chavez P S J. An improved dark-object subtraction technique for atmospheric scattering correction of multi-spectral data[J]. Remote

Sensing of Environment, 1988, 24: 459-479.

[8] Chavez P S J. Image-based atmospheric correction revisited and improved[J]. Photogrammetric Engineering and Remote Sensing, 1996, 62（9）: 1025-1036.

[9] Collin Homer. Development of A 2001 National Land Cover Database For the United States[J]. Photogrammetric Engineering and Remote Sensing, 2004, 70（7）: 829-840.

[10] Ehlers M. Multisensor image fusion techniques in remote sensing[J]. ISPRS Journal of Phtogrammetry and Remote Sensing, 1991, 46: 19-30.

[11] Estoque M. A. Flow over a localized heat source[J]. Monthly Weather Review, 1969, 97: 850-859.

[12] Forman R T T, Godron M. Landscape Ecology[M]. New York: John Wiley &Sons, 1986, 1-58.

[13] Friedl MA, Brodeley C E. Decision Tree Classification of Land Cover from Remotely Sensed Data[J]. Remote Sens . Environ, 1997, 61: 399-409.

[14] Gallo K, McNAB A L, Karl T R, et a1. The Use ofa Vegetation Index for Assessment of the Urban Heat Island Effect[J]. Intemational Journal of Remote Sensing, 1993, 14（1）: 2223-2230.

[15] GB J137—90 城市用地分类与规划建设用地[S].

[16] GB T21010—2007 土地利用分类现状[S].

[17] GB T50280—98 城市规划基本术语[S].

[18] GIRIDHARAN R, LAU S Y, GANESAN S, et a1. Lowering the outdoor temperature in high-rise high-density residential developments of coastal Hong Kong : The vegetation influence[J]. Building and Environment, 2008, 43（10）: 1583-1595.

[19] Giridharan R, Lau SSY, Ganesan S. Urban design factors influencing heat island intensity in high-rise high-density environments of Hong Kong[J]. Building and Environment. 2007, 42: 3669-3684.

[20] Hafner J, K idder S Q. Urban heat island modeling in conjunction with satellite-derived surface/soil parameters[J]. Journal of Applied

Meteorology，1999，38：448-465.

[21] Harris J R. IHS Transform for the integration of radar imagery with other remotely sensed data[J]. PE&RS，1990，36（12）：1631-1641.

[22] Herald M，Couclelis H，Clarke K C. The Role of Spatial Metrics in Analysis and Modeling of Urban Land Use Change[J]. Computers，Environment and Urban Systems. 2005，29：369-399.

[23] Huang J，Akari H，Taha H，et a1. The potential of vegetation in reducing summer cooling loads in residential buildings[J]. Journal of Climate and Applied Meteorology，1987，26：1103-1106.

[24] IHARA T，KIKEGAWA Y，ASAHI K. Changes in year round air tempemture and annual energy consumption in office building area by urban-heat island countermeasures and energy saving measures[J]. Applied Energy，2008，85（1）：12-25.

[25] James L M. A numerical study of the nocturnal heat island over a medium-sized mid-latitude city（Columbus，Ohio）[J]. Bound. Layer Meteor. ，1973，27：442-453.

[26] Jim é nez-Muñoz J C，Sobrino J A. A generalized single channel method for retrieving land surface temperature from remote sensing data[J]. Journal of Geophysical Research，2003，108（D22）：1-9.

[27] John Shafer，Rakesh Agrawal，Manish Metha. SPRINT：A scalable Parallel classifier for Data Mining[C]. In Proceedings of 22th J International Conference on Very Large Data Base，Mumbai（Bombay），India，1996，9.

[28] Jordan MI. Learning in Graphical Models[M]. The MIT Press，1998.

[29] Kass G V. An Exploratory Technique for Investigating Large Quantities of Categorical Data，[J]. Applied Statistics，1980，29（2）：119-172.

[30] Kazimierz Kiysik，Krzyszt of Fortuniak. Temporal and spatial characteristics of the urban heat island of Lódź Poland[J]. Atmospheric Environment，1999（33）：3885-3895.

[31] Kazuya Takahashi，Harunori Yoshida. measurement of thermal environment in Kyoto city and its prediction by CFD simulation[J]，

Energy and Buildings, 2004 (36): 771-779.

[32] Kerr Y H, Lagouarde J P, Imbernon J. Accurate land surface temperature retrieval from AVHRR data with use of an improved split window algorithm[J], Remote Sensing of Environment, 1992, 41: 197-209.

[33] Kikegawa Y, Genchi Y, Kondo H, et al. Inlpacts of city-block-scale countermeasures against urban heat-island phenomena upon a building's energy-consumption for air-conditioning[J]. Applied Energy, 2006, 83 (6): 649-668.

[34] KIKEGAWA Y, GENCHI Y, KONDO H, et al. Impacts of city-block-scale counter measures against urban heat island phenomena upon a buildings energy consumption for airconditioning[J]. Applied Energy, 2006, 83 (6): 649-668.

[35] Kolokotroni M, Giridharan R. Urban heat island intensity in London: An investigation of the impact of physical characteristics on changes in outdoor air temperature during summer[J]. Solar Energy, 2008, 82(11): 986-998.

[36] Leo Breiman, Jerome H. Friedman, Richard A. Olshen. A Classification and Regression Trees [M]. Chapman & Hall/CRC press Inc, 1984.

[37] LO C P, Quattrechi D A, Luvall J C. Application of Hish-Resolution Thermal Infrared Remote Sensing and GIS to Assess the Urban Heat Island Effect[J]. International Journal of Remote Sensing, 1997, 18(2): 287-304.

[38] Makoto Y, Robert D, Yoshitake K, et al. The cooling effect of paddy fields on summertime air temperature in residential Tokyo Japan[J]. Landscape and Ur ban Planning, 2001, 53 (1/2/3/4): 17-27.

[39] McIver D K, Fiedl M A. Using Prior Probabilities in Decision-tree Remotely Sensed Data[J]. Remote Sensing of Environment, 2002, 81: 253-261.

[40] Medley K. E, Pickett S. T A., McDoneli M. J., Forest Landscape Structure along all Urban ti Rural Gradient[J]. Professional Geographer, 1995, 47 (2): 159-168.

[41] Mitchell J M J. On the causes of instrumentally observed secular temperature trends[J]. Journal of Meteorology , 1953（10）: 244-261.

[42] Moran M S, Jackson R D, Slater P N, et al. Evaluation of simplified procedures for of retrieval of land surface reflection factors from satellite sensor output[J]. Remote Sensing of Envirronment, 1992, 41: 169-184.

[43] OWEN T W, CARLSON T N, GILLIES R R. An assessment of satellite remotely-sensed land cover parameters in quantitatively describing the climatic effect of urbanization[J]. International Journal of Remote Sensing, 1998, 19: 1663-1681.

[44] Parra M A, Santiago J L, Mart í n F, et al. A methodology to urban air quality assessment during large time periods of winter using computational fluid dynamic models[J]. Atmospheric Environment, 2010, 44（17）: 2089-2097.

[45] QIAO Zhi , TIAN Guangjin. Spatiotemporal diversity and regionalization of the urban thermal environment in Beijing[J]. Journal of Remote Sension, 2014, 18（3）: 715-724.

[46] Qin Z H, Karnieli A, Berliner P. A mono—window algorithm for retrieving land surface temperature from Landsat TM data and its application to the Israel—Egypt border region[J]. International Journal of Remote Sensing, 2001, 22（18）: 3719-3746.

[47] Quinlan J. R. C4. 5: Programs for Machine Learning[M]. San Mateo, CA: Morgan Kautmann Publishers Inc, 1993.

[48] Quinlan J. R. Introduction of decision trees[J]. Machine learning, 1986, 1: 84-100.

[49] Quah A K L, Roth M. Diurnal and weekly variation of anthropogenic heat emissons in a tropical city. Singapore[J]. Atmosphic Environment, 2012, 46: 92-103.

[50] Rajeev Rastogi, Kyuseok Shim. PUBLIC: A Decision Tree that Integrates Building and Pruning[C]. In Proceedings of 24th International Conference on Very Large Data Bases, New York, USA,

1998, 8.

[51] Rao P k. Remote sensing of urban heat islands from an environmental satellite[J]. Bulletin of the American Meteorological Society , 1972 , 53: 647- 648.

[52] Rizwan A M, Dennis L Y, Liu C. A review on the generation determination and mitigation of Urban Heat Island [J]. Journal of Environmental Sciences, 2008, 20 (1): 120-128.

[53] Roth M , Oke T R, Emery W J. Satellite-derived Urban Heat Islands from Three Coastal Cities and the Utilization of Such Data in Urban Climatology[J]. International Journal of Remote Sensing, 1989, 10 (11): 1699-1720.

[54] Roth M, Oke T R, Emery w J. satellite derived urban heat islands from three coastal cities and the utilization of such data in urban climatology[J]. International Journal of Remote Sensing, 1989, 10(11): 1699-1720.

[55] Sobrino J A, Jim é nez-Muñoz J C, Paolini L. Land surface temperature retrieval from LANDSAT TM5[J]. Remote Sensing of Environment, 2004, 90 (4): 434-440.

[56] Sobrino J A. Raissouni N, Li Z L. A comparative study of land surface emissivity retrieval from NOAA data[J]. Remote Sens Environ, 2001, 75 (2): 256-266.

[57] Sprites P, et a1. Causation, prediction and Search 2nd[M]. The MIT Press, 2001.

[58] Streutker D R. A remote sensing studying of the urban heat island of Houston [J]. Int J Remote Sens, 2002, 23: 2595-2608.

[59] Streutker D R. satellite-measured growth of the urban heat island of Houston, Texas[J]Remote Sens Environ, 2003, 85 (3): 282-289.

[60] Turner M G, Gardner R H, O' Neill R V. Landscape ecology in theory and practice: pattern and process[M]. New York: Springer-Verlag, 2001.

[61] Turner M. G. Landscape changes in nine rural counties in Georgia[J]. Photogrammetric Engineering and Remote Sensing, 1989, 56 (3):

379-386.

[62] Turner M. G. Spatial simulation of landscape changes in Georgia: a comparison of 3 transition models [J]. Landscape Ecology, 1987, 4: 29-36.

[63] Vitousek P M, Mooney H A, Lubchenco J, et al. Human domination of earth's ecosystems[J]. Science, 1997, 21（15）: 2781-2797.

[64] Weng Q H. A Remote Sensing-GIS Evaluation of Urban Expansionand Its Impact on Surface Temperature in the Zhujiang Delta, China[J]. International Journal of Remote Sensing, 2001, 22（10）: 1999-2014.

[65] Weng Q, Lu D, Schubring J. Estimmation of land surface temperature-Vegetation abundance relationship for urban heat island studies[J]. Remote Sens Environ, 2004, 89（4）: 467-483.

[66] Wilson J S, Clay M, Martin, et al. Evaluation environmental influence of zoning in urban ecosystems with remote sensing[J]. Remote Sensing of Environment, 2003, 86（3）: 303-321.

[67] Yu C, Hien W N. Thermal benefits of city parks[J]. Energy and Building, 2006, 38（2）: 105-120.

[68] YUAN F, MARVIN E. Comparison of impervious surface area and normalized difference vegetation index as indicators of surface urban heat island effects in landsat imagery[J]. Remote Sensing of Environment, 2007, 106（3）: 375-386.

[69] Zhou S Z, Su J. Urban Climatology[M]. Beijing: China Meteorological Press. 1994, 244-345.

[70] 白洁, 刘绍民, 扈光. 针对 TM/ETM + 遥感数据的地表温度反演与验证[J]. 农业工程学报, 2008, 24（9）: 148-154.

[71] 白杨, 王晓云, 姜海梅, 等. 城市热岛效应研究进展[J]. 气象与环境学报, 2013, 29（2）: 101-106.

[72] 陈峰, 何报寅, 龙占勇, 等. 利用 Landsat ETM + 分析城市热岛与下垫面的空间分布关系[J]. 国土资源遥感, 2008, 76（2）: 56-61.

[73] 陈利顶, 刘洋, 吕一河, 等. 景观生态学中的格局分析: 现状、困境与未来[J]. 生态学报, 2008, 28（11）: 5521-5531.

[74] 陈命男，张浩，唐靖寅，等. 上海城市地表热环境多时期遥感研究[J]. 中国环境科学，2011，31（7）：1143-1151.

[75] 陈松林，王天星. 等间距法和均值标准差法界定城市热岛的对比研究[J]. 地球信息科学学报，2009，11（2）：145-150.

[76] 陈文波，肖笃宁，李秀珍. 景观空间分析的特征和主要内容[J]. 生态学报，2002，22（7）：1135-1142.

[77] 陈佑启，Verburg EH. 基于GIS的中国土地利用变化及其影响模型[J]. 生态科学，2000，19（3）：1-7.

[78] 陈云浩，宫阿都，李京. 基于地表辐射亮温标准化的城市热环境遥感研究——以上海市为例[J]. 中国矿业大学学报，2006，35（4）：462-467.

[79] 陈云浩，李京，李晓兵. 城市空间热环境遥感分析——格局过程模拟与影响[M]. 北京：科学出版社，2004.

[80] 陈云浩，史培军，李晓兵，等. 城市空间热环境的遥感研究——热场结构及其演变的分形测量[J]. 测绘学报，2002，31（4）：322-326.

[81] 程承旗，吴宁，郭仕德，等. 城市热岛强度与植被覆盖关系研究的理论技术路线和北京案例分析[J]. 水土保持研究，2004，11（3）：172-174.

[82] 池宏康，周广胜，许振柱，等. 表观反射率及其在植被遥感中的应用[J]. 植物生态学报，2005，29（1）：74-80.

[83] 仇文侠. 西藏墨竹工卡地区土壤侵蚀遥感定量评价[D]. 成都：成都理工大学，2009.

[84] 仇文侠，但尚铭，薛万蓉. 城市扩展的遥感动态监测研究[A]. 2010年国际遥感大会[C]. 2007：169-172.

[85] 戴晓燕. 基于遥感数据挖掘定量反演城市化区域地表温度研究[D]. 上海：华东师范大学，2008.

[86] 单丹丹，杜培军，夏俊士. 基于多分类器集成的北京一号小卫星遥感影像分类研究[J]. 遥感应用，2011，2：69-78.

[87] 但玻，赵希锦，但尚铭，等. 成都城市热环境的空间特点及对策[J]. 四川环境，2011，30（5）：124-127.

[88] 但尚铭，安海锋，但玻，等. 基于AVHRR和DEM的重庆城市热岛效应分析[J]. 长江流域与资源环境，2009，18（7）：681-685.

[89] 但尚铭，但玻，蒋薇. 成都市热力景观空间格局分析[J]. 四川环境，2011，30（2）：53-56.

[90] 但尚铭，但玻，杨秀蓉，等. 卫星遥感成都平原城市热岛效应的动态特征[J]. 环境科学与技术，2009，32（7）：10-13.

[91] 但尚铭，许辉熙，但玻，等. 基于 AVHRR 的中等规模城市热岛效应的时空特征[J]. 测绘科学，2010，35（z）：144-146.

[92] 党安荣，史慧珍，何新东. 基于 3S 技术的土地利用动态变化研究[J]. 清华大学学报（自然科学版），2003，43（10）：1408-1411.

[93] 党安荣，王晓栋，陈晓峰，等. ERDAS IMAGINE 遥感图像处理方法[M]. 北京：清华大学出版社，2002.

[94] 邓劲松. 基于 SPOT 影像的杭州市区土地利用/覆盖变化动力学研究[D]. 杭州：浙江大学，2009.

[95] 邓玉娇，匡耀求，黄宁生，等. 温室效应增强背景下城市热环境变化的遥感分析——以广东省东莞市为例[J]. 地理科学，2008，28（6）：814-819.

[96] 丁凤，徐涵秋. TM 热波段图像的地表温度反演算法与实验分析[J]. 地球信息科学，2006，8（3）：125-130.

[97] 丁凤，徐涵秋. 基于 Landsat TM 的 3 种地表温度反演算法比较分析[J]. 福建师范大学学报（自然科学版），2008，24（1）：91-96.

[98] 董超华，章国材，邢福源，等. 气象卫星业务产品释用手册[M]. 北京：气象出版社，1999.

[99] 杜明义，陈玉荣，孙维先，等. 廊道结构对北京市空间热环境的影响分析[J]. 辽宁工程技术大学学报，2007，26（2）：194-197.

[100] 法国国家人口研究所. 城市人口已过半[J]. 地理教育，2007，9：47.

[101] 樊辉. 基于NOAA/AVHRR热红外数据的城市热岛强度年内变化特征[J]. 遥感技术与应用，2008，23（4）：414-417.

[102] 范天锡，潘钟跃. 北京地区城市热岛特性的卫星遥感[J]. 气象，1987，13（10）：29-32.

[103] 范心圻. 北京城市热岛遥感研究的应用与效益[J]. 世界导弹与航天，1991，6：6-11.

[104] 范运年，任波，周建中. ERDAS IMAGINE8. 4 中影像几何校正法初

探——以清江流域为例[J]. 计算机仿真，2003，20（10）：49-51.

[105] 房祥飞. 基于决策树的分类算法的并行化研究及应用[D]. 济南：山东师范大学，2007.

[106] 冯永玖，韩震. 基于遥感的黄浦江沿岸土地利用时空演化特征分析[J]. 国土资源遥感，2010，2：91-96.

[107] 冯焱，冯海霞. 济南市城市植被与城市热环境的变化研究[J]. 西北林学院学报，2012，27（2）：50-55.

[108] 傅伯杰，陈利顶，马克明，等. 景观生态学原理及应用[M]. 北京：科学出版社，2001.

[109] 高峻，宋永昌. 基于遥感和 GIS 的城乡交错带景观演变研究——以上海西南地区为例[J]. 生态学报，2003，23（4）：805-813.

[110] 高峻，宋永昌. 上海西南城市干道两侧地带景观动态研究[J]. 应用生态学报，2001，12（4）：605-609.

[111] 高凯，秦俊，胡永红. 上海城市居住区绿化缓解热岛效应研究进展[J]. 中国园林，2010，26（12）：12-15.

[112] 高志强，刘纪远. 基于遥感和 GIS 的中国植被指数变化的驱动因子分析及模型研究[J]. 气候与环境研究，2000，5（2）：155-164.

[113] 葛伟强，周红妹，杨引明，等. 基于遥感和 GIS 的城市绿地缓解热岛效应作用研究[J]. 遥感技术与应用，2006，21（5）：432-435.

[114] 宫阿都，陈云浩，李京，等. 北京市城市热岛与土地利用/覆盖变化的关系研究[J]. 中国图像图形学报，2007，12（8）：1476-1482.

[115] 宫阿都，江樟焰，李京，等. 基于 Landsat TM 图像的北京城市地表温度遥感反演研究[J]. 遥感信息，2005，3：18-20.

[116] 宫阿都，徐捷，赵静，等. 城市热岛研究方法概述[J]. 自然灾害学报. 2008，17（6）：96-99.

[117] 龚志强，何介南，康文星，等. 长沙市城区热岛时间分布特征分析[J]. 中国农学通报 2011，27（14）：200-204.

[118] 顾孝烈. 测量学[M]. 上海：同济大学出版社，2006.

[119] 郭家林，王永波. 近 40 年哈尔滨的气温变化与城市化影响[J]. 高原气象，2005，31（8）：74-76.

[120] 何介南，肖毅峰，吴耀兴，等. 4 种城市绿地类型缓解热岛效应比较

[J]. 中国农学通报，2011，27（16）：70-74.

[121] 何泽能，李永华，陈志军，等. 重庆市 2006 年夏季城市热岛分析[J]. 热带气象学报，2008，24（5）：527-532.

[122] 胡嘉骢，朱启疆. 城市热岛研究进展[J]. 北京师范大学学报（自然科学版）. 2010，46（2）：186-192.

[123] 黄聚聪，赵小锋，唐立娜，等. 城市热力景观格局季节变化特征分析及其应用[J]. 生态环境学报，2011，20（2）：304-310.

[124] 黄荣峰，徐涵秋. 利用 Landsat ETM + 影像研究土地利用/覆盖与城市热环境的关系——以福州市为例[J]. 遥感信息，2005，5：36-39.

[125] 黄妙芬，邢旭峰，王培娟，等. 利用 LANDSAT/TM 热红外通道反演地表温度的三种方法比较[J]. 干旱区地理，2006，29（1）：132-137.

[126] 季崇萍，刘伟东，轩春怡. 北京城市化进程对城市热岛的影响研究[J]. 地球物理学报，2006，49（1）：69-77.

[127] 贾刘强，邱建. 基于遥感的城市绿地斑块热环境效应研究——以成都市为例[J]. 中国园林，2009，25（12）：97-101.

[128] 贾宝全，邱尔发. 基于 TM 卫星遥感影像的西安市城市热岛效应变化分析[J]. 干旱区研究，2013，30（2）：347-355.

[129] 金蓉. 福州市建成区绿地系统景观格局分析及其生态功能研究[D]. 福州：福建师范大学，2009.

[130] 雷江丽，刘涛，吴艳艳，等. 深圳城市绿地空间结构对绿地降温效应的影响[J]. 西北林学院学报，2011，26（4）：218-223.

[131] 李乐，徐涵秋. 杭州市城市空间扩展及其热环境变化[J]. 遥感技术与应用，2014，29（2）：264-272.

[132] 李鸥，余庄. 基于遥感技术的城市布局与热环境关系研究——以武汉市为例[J]. 城市规划，2008，31（2）：75-82.

[133] 李哈滨，Franklin J F. 景观生态学——生态学领域的新概念[J]. 生态学进展，1988，5（1）：23-33.

[134] 李海峰，郭科. 对地观测技术的发展历史、现状及应用[J]. 测绘科学，2010，35（6）：92-94.

[135] 李奇虎. 基于土地利用数据库的空间格局分析[D]. 武汉：华中师范大学大学，2009.

[136] 李爽，张二勋. 基于决策树的遥感影像分类方法研究[J]. 地域研究与开发，2003，22（1）：17-21.

[137] 李伟峰，王轶. 基于目标分割和景观格局特征的城市土地利用分类[J]. 国土资源遥感，2011，88（1）：118-122.

[138] 李文亮，张丽娟，陈红，等. 哈尔滨市城市扩展与地表热环境变化关系研究[J]. 地域研究与开发，2010，29（2）：49-52.

[139] 李小娟，刘晓萌，胡德勇，等. ENVI 遥感图像处理教程（升级版）[M]. 北京：中国环境科学出版社，2008.

[140] 李翔泽，李宏勇，张清涛，等. 不同地被类型对城市热环境的影响研究[J]. 生态环境学报，2014，23（1）：106-112.

[141] 梁敏妍，赵小艳，林卓宏，等. 基于 Landsat ETM + /TM 遥感影像的江门市区地表热环境分析梁[J]. 热带气象学报，2011，22（2）：244-250.

[142] 赁常恭，王宣吉. 用气象卫星信息探测川西平原的城市热岛群[J]. 遥感信息，1990，5（1）：10-13.

[143] 刘立群，李树华，杨志峰. 北京公园绿地夏季温湿效应[J]. 生态学杂志，2008，27（11）：1972-1978.

[144] 刘娇妹，朱月霞，顾卫. 安庆市气温变化若干特征及城市热岛效应分析[J]. 安徽农业科学，2011，39（30）：18821-18823.

[145] 刘世平. 数据挖掘技术与应用[M]. 北京：高等教育出版社，2010.

[146] 刘文杰，李红梅. 景洪市城市热岛效应对城市高温的影像及其防御对策[J]. 热带地理，1998，18（2）：143-146.

[147] 刘闻雨，宫阿都，周纪，等. 城市建筑材质——地表温度关系的多源遥感研[J]. 遥感信息，2011，4：46-53.

[148] 刘雯. 城市热岛效应的成因和改善策略探究[J]. 科技创新导报，2010，4：116-117.

[149] 刘香美. 基于粗糙集和灰色理论的决策树算法研究[D]. 成都：西南交通大学，2010.

[150] 刘学全，唐万鹏，周志翔. 宜昌市城区不同绿地类型环境效应[J]. 东北林业大学学报，2004，32（5）：53-54.

[151] 刘艳红，郭晋平. 城市景观格局与热岛效应研究进展[J]. 气象与环境

学报，2007，23（6）：46-50.

[152] 刘艳红，郭晋平. 基于植被指数的太原市绿地景观格局及其热环境效应[J]. 地理科学进展，2009，28（5）：798-804.

[153] 刘艳红，郭晋平. 绿地空间分布格局对城市热环境影响的数值模拟分析——以太原市为例[J]. 中国环境科学，2011，31（8）：1403-1408.

[154] 刘勇洪，牛铮，王长耀. 基于 MODIS 数据的决策树分类方法研究与应用[J]. 遥感学报，2005，9（4）：405-412.

[155] 刘志丽，陈曦. 基于 ERDAS IMAGING 软件的 TM 影像几何精校正方法初探[M]. 干旱区地理，2001，24（4）：353-358.

[156] 刘玉安，唐志勇，程涛，等. 基于 HJ-1B 数据的武汉市 LST 反演及热环境分析[J]. 长江流域资源与环境，2014，23（4）：526-533.

[157] 刘帅，李琦，朱亚杰. 基于 HJ-1B 的城市热岛季节变化研究——以北京市为例 [J]. 地理科学，2014，34（1）：84-88.

[158] 吕志强，文雅，孙玙，等. 珠江口沿岸土地利用变化及其地表热环境遥感分析[J]. 生态环境学报，2010，19（8）：1771-1777.

[159] 栾丽华，吉根林. 决策树分类技术研究[J]. 计算机工程，2004，30（9）：94-96.

[160] 栾庆祖，叶彩华，刘勇洪，等. 城市绿地对周边热环境影响遥感研究——以北京为例[J]. 生态环境学报，2014，23（2）：252-261.

[161] 罗亚，徐建华，岳文泽. 基于遥感影像的植被指数研究方法述评[J]. 生态科学，2005，24（1）：75-79.

[162] 马安青，陈东景，王建华，等. 基于 RS 与 GIS 的陇东黄土高原土地景观格局变化研究[J]. 水土保持学报，2002，16（3）：56-59.

[163] 马广彬，章文毅，陈甫. 图像几何畸变精校正研究[J]. 计算机工程与应用，2007，43（9）：45-48.

[164] 梅安新，彭望琭，秦其明，等. 遥感导论[M]. 北京：高等教育出版社，2003.

[165] 孟丹，王明玉，李小娟，等. 京沪穗三地近十年夜间热力景观格局演变对比研究[J]. 生态环境学报，2013，33（5）：1545-1558.

[166] 潘竞虎，冯兆东，相得年，等. 河谷型城市土地利用类型及格局的热环境效应遥感分析——以兰州市为例[J]. 遥感技术与应用，2008，23

（2）：202-207.

[167] 潘卫华，张春桂. 泉州市城市化进程中的热岛效应遥感研究[J]. 国土资源遥感，2006，70（4）：50-54.

[168] 邱建，贾刘强，王勇. 基于遥感的青岛市热岛与绿地的空间相关性[J]. 西南交通大学学报：自然科学版，2008，43（3）：427-433.

[169] 曲开社，成文丽，王俊红. ID3算法的一种改进算法[J]. 计算机工程与应用，2003，39（25）：104-107.

[170] 屈创，马金辉，夏燕秋，等. 基于MODIS数据的石羊河流域地表温度空间分布[J]. 干旱区地理，2014，37（1）：125-133.

[171] 申文明，王文杰，罗海江，等. 基于决策树分类技术的遥感影像分类方法研究[J]. 遥感技术与应用，2007，22（3）：333-338.

[172] 史培军，富鹏，李晓兵等. 土地利用/覆盖变化研究的方法与实践[M]. 北京：科学出版社，2000.

[173] 史晓雪. 上海地区土地利用变化的景观生态格局演化研究[D]. 上海：复旦大学，2007.

[174] 宋巍巍，管东生. 五种TM影像大气校正模型在植被遥感中的应用[J]. 应用生态学报，2008，19（4）：769-774.

[175] 宋伟东，王伟玺. 遥感影像几何纠正与三维重建[M]. 北京：测绘出版社，2011.

[176] 寿亦萱，张大林. 城市热岛效应的研究进展与展望[J]. 气象学报，2012，70（3）：338-353.

[177] 孙家抦，舒宁，关泽群. 遥感原理、方法和应用[M]. 北京：测绘出版社，1997.

[178] 孙芹芹，吴志峰，谭建军. 基于热力重心的广州城市热环境时空变化分析[J]. 地理科学，2010，30（4）：620-623.

[179] 孙天纵，周坚华. 城市遥感[M]. 上海：上海科学技术文献出版社，1994.

[180] 覃志豪，Zhang Minghua，Arnon Karnieli，等. 用陆地卫星TM6数据演算地表温度的单窗算法[J]. 地理学报，2001，56（4）：456-466.

[181] 覃志豪，Zhang Ming-hua，Arnon Karnieli. 用NOAA-AVHRR热通道数据演算地表温度的劈窗算法[J]. 国土资源遥感，2001，48（2）：

33-42.

[182] 覃志豪，李文娟，徐斌，等. 陆地卫星 TM6 波段范围内地表比辐射率的估计[J]. 国土资源遥感，2004，61（3）：28-36.

[183] 汤国安，张友顺，刘咏梅，等. 遥感数字图像处理[M]. 北京：科学出版社，2004.

[184] 唐罗忠，李职奇，严春风，等. 不同类型绿地对南京热岛效应的缓解作用[J]. 生态环境学报，2009，18（1）：23-28.

[185] 唐盈. 重庆大剧院室内外热环境数值模拟研究[D]. 重庆：重庆大学，2006.

[186] 田光进，张增祥，张国平，等. 基于遥感与 GIS 的海口市景观格局动态演化[J]. 生态学报，2002，22（7）：1028-1034.

[187] 佟华，刘辉志，李延明，等. 北京夏季城市热岛现状及楔形绿地规划对缓解城市热岛的作用[J]. 应用气象学报，2005，16（3）：357-366.

[188] 佟华，刘辉志，桑建国，等. 城市人为热对北京热环境的影响[J]. 气候与环境研究，2004，9（3）：409-421.

[189] 王翠云. 基于遥感和 CFD 技术的城市热环境分析与模拟——以兰州市为例[D]. 兰州：兰州大学，2008.

[190] 王芳，卓莉，冯艳芬. 广州市冬夏季热岛的空间格局及其差异分析[J]. 热带地理，2007，27（3）：198-202.

[191] 王桂新，沈续雷. 上海城市化发展对城市热岛效应影响关系之考察[J]. 亚热带资源与环境学报，2010，5（2）：1-11.

[192] 王国安，米鸿涛，邓天宏，等. 太阳高度角和日出日落时刻太阳方位角一年变化范围的计算[J]. 气象与环境科学（增刊），2007，161-164.

[193] 王静. 土地资源遥感监测与评价方法[M]. 北京：科学出版社，2006.

[194] 王茂新，沙奕卓，于莉. 关于 NOAA/AVHRR 图像冲采样及投影方法的研究[J]. 中国图像图形学报，1997，2（1）：38-42.

[195] 王三，赵伟，黄春芳. 基于遥感的重庆市土地利用动态变化研究[J]. 中国农学通报，2010，26（2）：250-256.

[196] 王天星，陈松林，马娅，等. 亮温与地表温度表征的城市热岛尺度效应对比研究[J]. 地理与地理信息科学，2007，23（6）：73-77.

[197] 王天星，陈松林，阎广建. 地表参数反演及城市热岛时空演变分析[J].

地理科学，2009，29（5）：697-702.

[198] 王伟武，李国梁，薛瑾. 杭州城市热岛空间分布及缓减对策[J]. 自然灾害学报，2009，18（6）：14-20.

[199] 王帅，丁圣彦，梁国付. 黄河中下游典型地区农业景观格局的热环境效应——以中牟县为例[J]. 河南大学学报（自然科学版），2012，42（2）：174-180.

[200] 卫亚星，王莉雯，陈全功. 对 NOAA/AVHRR 图像进行几何精纠正的研究[J]. 草业科学，2005，22（9）：92-94.

[201] 邬建国. 景观生态学概念与理论[J]. 生态学杂志，2000，19（1）：42-52.

[202] 邬建国. 景观生态学——格局、过程、尺度与等级[M]. 北京：高等教育出版社，2000.

[203] 吴耀兴，康文星. 城市绿地系统的生态功能探讨[J]. 中国农学通报，2008，24（6）：335-337.

[204] 肖笃宁，布仁仓，李秀珍. 生态空间理论与景观异质性[J]. 生态学报，1997，17（5）：453-461.

[205] 肖笃宁，钟林生. 景观分类与评价的生态原则[J]. 应用生态学报，1998，9（2）：217-221.

[206] 肖笃宁. 景观生态学研究进展[M]. 长沙：湖南科学技术出版社，1999.

[207] 肖荣波，欧阳志云，李伟峰，等. 城市热岛的生态环境效应[J]. 生态学报，2005，25（8）：2055-2060.

[208] 肖捷颖，张倩，王燕，等. 基于地表能量平衡的城市热环境遥感研究—以石家庄市为例[J]. 地理科学，2014，34（3）：338-343.

[209] 肖捷颖，季娜，李星，等. 城市公园降温效应分析——以石家庄市为例[J]. 干旱区资源与环境，2015，29（2）：75-79.

[210] 谢苗苗，王仰麟，李贵才，等. 不同城市化阶段景观演变的热环境效应动态——以深圳西部地区为例[J]. 地理研究，2009，28（4）：1085-1094.

[211] 徐涵秋，陈本清. 不同时相的遥感热红外图像在研究城市热岛变化中的处理方法[J]. 遥感技术与应用，2003，18（3）：129-132.

[212] 徐涵秋. 基于影像的 Landsat TM/ETM＋数据正规化技术[J]. 武汉大学学报·信息科学版，2007，32（1）：62-66.

[213] 徐涵秋. 利用改进的归一化差异水体指数（MNDWI）提取水体信息的研究[J]. 遥感学报，2005，9（5）：589-595.

[214] 徐建华，梅安新，吴建平，等. 20世纪下半叶上海城市景观镶嵌结构演变的数量特征与分形结构模型研究[J]. 生态科学，2002，21（2）：131-137.

[215] 徐丽华，岳文泽，徐建华. 城市热场剖面的分形维数计算及其意义研究——以上海中心城区为例[J]. 长江流域资源与环境，2007，16（3）：384-390.

[216] 徐丽华，岳文泽. 城市公园景观的热环境效应[J]. 生态学报，2008，28（4）：1702-1710.

[217] 徐永明，刘勇洪. 基于TM影像的北京市热环境及其与不透水面的关系研究[J]. 生态环境学报，2013，22（4）：639-643.

[218] 许辉熙，但尚铭，何政伟，等. 成都平原城市热岛效应的遥感分析[J]. 环境科学与技术，2007，30（8）：21-23.

[219] 许辉熙. 空间信息技术在水电开发工程预可研中的决策支持[D]. 成都：成都理工大学，2008.

[220] 许学强，周一星，宁越敏. 城市地理学[M]. 北京：高等教育出版社，1996.

[221] 杨俊，赵忠明，杨健. 一种高分辨率遥感影像阴影去除方法[J]. 武汉大学学报·信息科学版，2008，33（1）：17-20.

[222] 杨丽萍，夏敦胜，陈发虎. Landsat7ETM + 全色与多光谱数据融合算法的比较[J]. 兰州大学学报，2007，43（4）：7-12.

[223] 杨山，查勇. 太湖流域城镇形态的遥感信息提取模型研究[J]. 长江流域资源与环境，2002，11（1）：1-5.

[224] 杨昕，汤国安，邓凤东，等. ERDAS遥感数字图像处理实验教程[M]. 北京：科学出版社，2009.

[225] 杨英宝，苏伟忠，江南. 基于遥感的城市热岛效应研究[J]. 地理与地理信息科学，2006，22（5）：36-40.

[226] 杨玉华，徐祥德，翁永辉. 北京城市边界层热岛的日变化周期模拟[J]. 应用气象学报，2003，14（1）：61-68.

[227] 杨何群，周红妹，尹球，等. FY-3A/MERSI数据在典型大城市热环境

监测预报中的应用——以上海市为例[J]. 测绘通报，2013，11：25-32.

[228] 杨峰，钱锋，刘少瑜. 高层居住区规划设计策略的室外热环境效应实测和数值模拟评估[J]. 建筑科学，2013，29（12）：28-34.

[229] 叶丽梅，江志红，霍飞. 南京地区下垫面变化对城市热岛效应影响的数值模拟[J]. 大气科学学报，2014，37（5）：642-652.

[230] 袁林山，杜培军，张华鹏，等. 基于决策树的 CBERS 遥感影像分类及分析评价[J]. 国土资源遥感，2008，76（2）：92-98.

[231] 岳文泽，徐建华，徐丽华. 基于遥感影像的城市土地利用生态环境效应研究——以城市热环境和植被指数为例[J]. 生态学报，2006，26（5）：1450-1460.

[232] 岳文泽. 基于遥感影像的城市景观格局及其热环境效应研究[M]. 北京：科学出版社，2008.

[233] 岳文泽，徐丽华. 城市典型水域景观的热环境效应[J]. 生态学报，2013，33（6）：1852-1859

[234] 曾辉，江子瀛，孔宁宁，等. 快速城市化景观格局的空间自相关特征分析-以深圳市龙华地区为例[J]. 北京大学学报：自然科学版，2000，36（6）：824-831.

[235] 曾永年，张少佳，张鸿辉. 城市群热岛时空特征与地表生物物理参数的关系研究[J]. 遥感技术与应用，2010，25（1）：1-6.

[236] 张波，郭晋平，刘艳红. 太原市城市绿地斑块植被特征和形态特征的热环境效应研究[J]. 中国园林，2010，26（1）：92-96.

[237] 张闯，吕东辉，项超静. 太阳实时位置计算及在图像光照方向中的应用[J]. 电子测量技术，2010，30（11）：87-89.

[238] 张飞，塔西甫拉提·特依拜，丁建丽，等. 塔里木河上游典型绿洲地表热环境遥感研究[J]. 干旱区资源与环境，2013，27（4）：101-106.

[239] 张慧，张迎军，王瑞霞，等. 土地整理对区域景观变化影响研究[J]. 安徽农业科学，2007，35（22）：6879-6822.

[240] 张金区. 珠江三角洲地区地表热环境的遥感探测及时空演化研究[D]. 广州：中国科学院地球化学研究所，2006.

[241] 张金屯，Pickett S. T A. 城市化对森林植被、土坡和景观的影响[J]. 生态学报，2000，19（3）：654-658.

[242] 张利权，吴建平，甄彧，等. 基于 GIS 的上海市景观格局梯度分析[J]. 植物生态学报，2004，28（1）：78-85.

[243] 张琳，陈燕，李枕迎，等. 决策树分类算法研究[J]. 计算机工程，2011，37（13）：66-70.

[244] 张仁华. 对于定量热红外遥感的一些思考[J]. 国土资源遥感，1999，1：1-6.

[245] 张新乐，张树文，李颖，等. 近 30 年哈尔滨城市土地利用空间扩张及其驱动力分析[J]. 资源科学，2007，29（5）：850-856.

[246] 张新乐，张树文，李颖，等. 土地利用类型及其格局变化的热环境效应——以哈尔滨市为例[J]. 中国科学院研究生院学报，2008，25（6）：756-763.

[247] 张勇，余涛，顾行发，等. CBERS-02 IRMSS 热红外数据地表温度反演及其在城市热岛效应定量化分析中的应用[J]. 遥感学报，2006，10（5）：790-796.

[248] 张兆明，何国金，王威. 基于 TM 和 LISS3 数据的地表反射率反演比较研究[J]. 遥感信息，2006，6：55-57.

[249] 张兆明，何国金. 北京市 TM 图像城市扩张与热环境演变分析[J]. 地球信息科学，2007，9（5）：84-88.

[250] 张景哲，刘继韩，周一星，等. 北京市的城市热岛特征[J]. 气象科技，1988，10（3）：32-35.

[251] 章皖秋，岳彩荣，徐天蜀. QuickBird 预正射产品处理及在林地宗地勾绘中的应用[J]. 东北林业大学学报，2011，39（2）：120-124.

[252] 赵福云. 城市住宅小区热环境模拟[D]. 长沙：湖南大学，2003.

[253] 赵捷，韩秀凤，田海文. 包头市土地利用动态变化及其环境效应研究[J]. 安徽农业科学，2011，39（4）：2402-2408.

[254] 赵敬源，刘加平. 城市街谷热环境数值模拟及规划设计对策[J]. 建筑学报，2007，3：37-39.

[255] 赵丽荣，王丹. 基于 ERDAS 软件对 Quick Bird 影像的正射纠正[J]. 测绘与空间地理信息，2009，32（6）：144-145.

[256] 赵英时. 遥感应用分析原理与方法[M]. 北京：科学出版社，2003.

[257] 赵志敏. 城市化进程对城市热岛效应因子的对比分析[J]. 中国环境

监测，2008，24（6）：77-79.

[258] 郑国强，鲁敏，张涛，等. 地表比辐射率求算对济南市地表温度反演结果的影响[J]. 山东建筑大学学报，2010，25（5）：519-523.

[259] 郑文武，曾永年，田亚平. 基于混合像元分解模型的 TM6/ETM＋热红外波段地表比辐射率估算[J]. 地理与地理信息科学，2010，26（3）：25-28.

[260] 郑祚芳，刘伟东，王迎春. 北京地区城市热岛的时空分布特征[J]. 南京气象学院学报，2006，29（5）：694-699.

[261] 郑祚芳，高华，王在文，等. 城市化对北京夏季极端高温影响的数值研究[J]. 生态环境学报，2012，21（10）：1689-1694.

[262] 中国气象局. 地面气象观测规范[M]. 北京：气象出版社，2003.

[263] 周东颖，张丽娟，张利，等. 城市景观公园对城市热岛调控效应分析——以哈尔滨市为例[J]. 区域研究与开发，2011，30（3）：73-78.

[264] 周海芳，易会战，杨学军. 基于多项式变换的遥感图像几何校正并行算法的研究与实现[J]. 计算机工程与科学，2006，28（3）：58-60.

[265] 周红妹，周成虎，葛伟强，等. 基于遥感和 GIS 的城市热场分布规律研究[J]. 地理学报，2001，56（2）：189-197.

[266] 周淑贞，束炯. 城市气候学[M]. 北京：气象出版社，1994.

[267] 周淑贞，张超上海城市热岛效应[J]. 地理学报，1982，37（4）：372-381.

[268] 邹春城，张友水，黄欢欢. 福州市城市不透水面景观指数与城市热环境关系分析[J]. 地球信息科学，2014，16（3）：490-498.

[269] 朱亮璞. 遥感地质学[M]. 北京：地质出版社，1994.

[270] 朱佩娟，肖洪，田怀玉. 基于 GIS-ESDA 的城市热岛效应研究[J]. 自然灾害学报，2010，19（2）：6-14.

[271] 朱述龙，张占睦. 遥感图像获取与分析[M]. 北京：科学出版社，2000.

彩　图

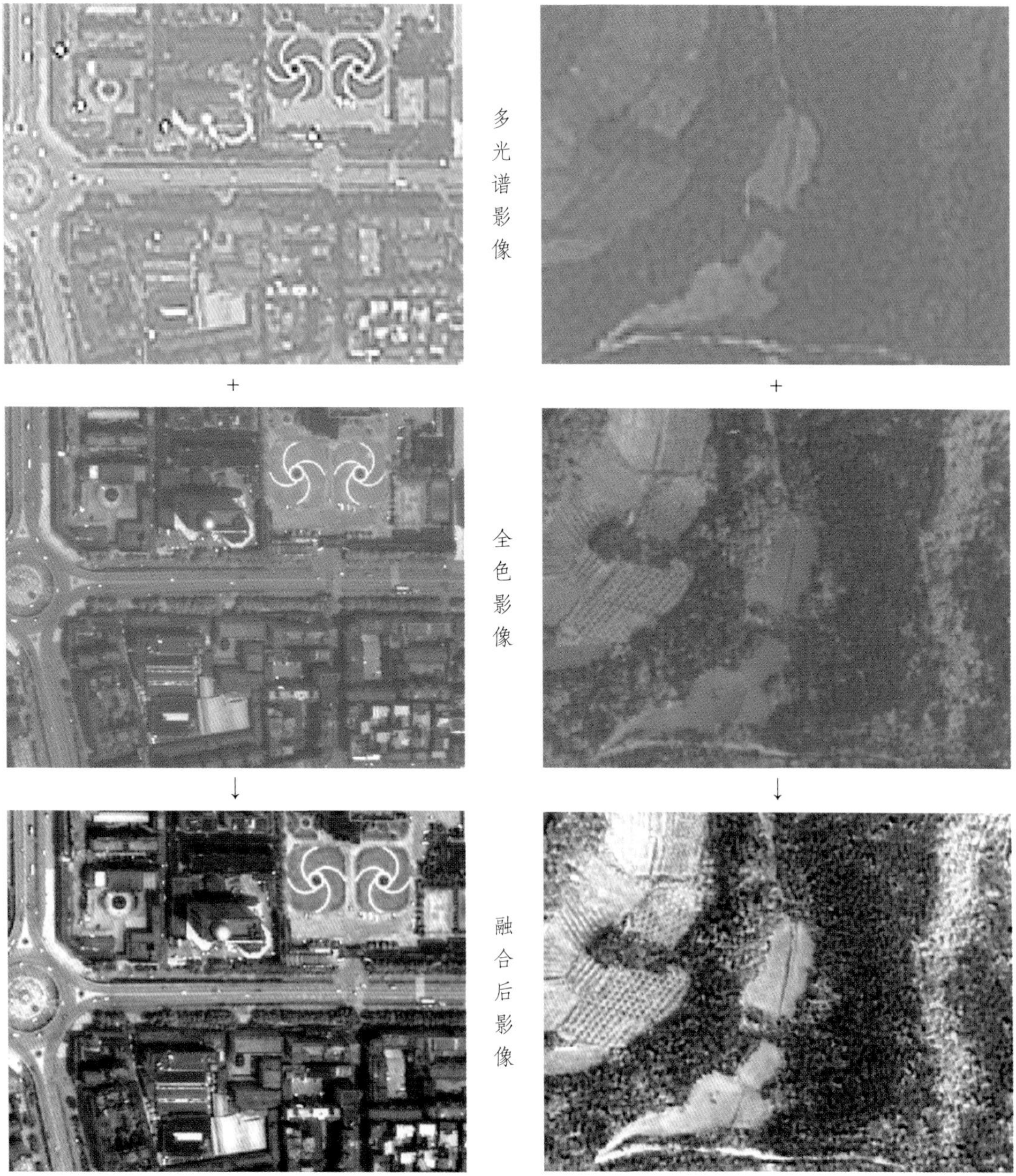

多
光
谱
影
像

+

全
色
影
像

↓

融
合
后
影
像

实例（1）　　　　　　　　　　　　　实例（2）

彩图 1　PCA 算法融合 Quick Bird 影像效果对比实例

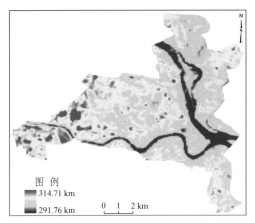

彩图 2　2007 年绵阳市建成区亮温分布图

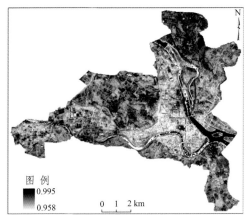

彩图 3　2007 年绵阳市建成区地温分布图

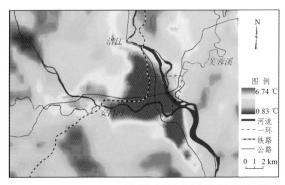

彩图 4　2010.03.11　02：49 绵阳市研究区地温分布图（北京时）

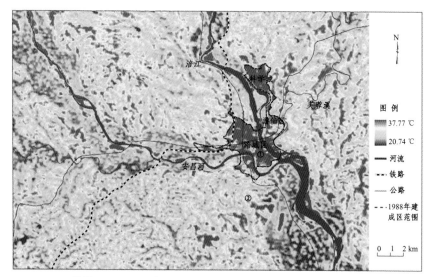

彩图 5　1988 年 5 月 1 日绵阳市地表热场空间格局

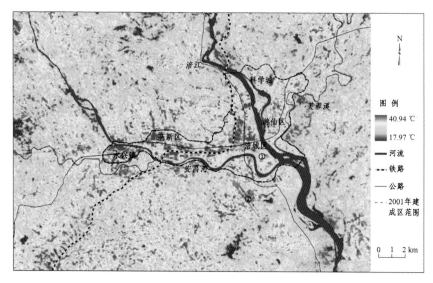

彩图 6　2001 年 5 月 13 日绵阳市地表热场空间格局

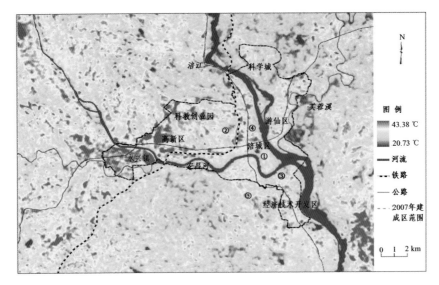

彩图 7　2007 年 5 月 6 日绵阳市地表热场空间格局

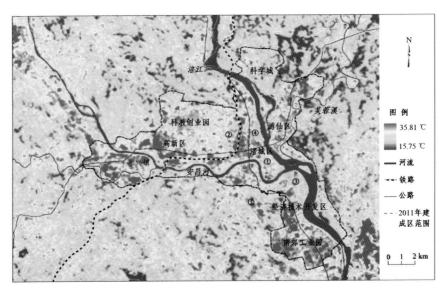

彩图 8　2011 年 5 月 17 日绵阳市地表热场空间格局

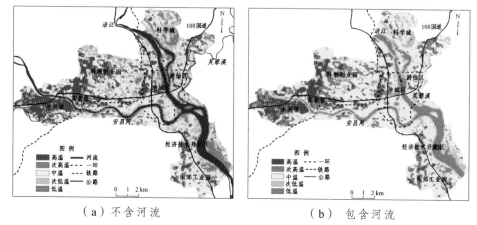

（a）不含河流   （b）包含河流

彩图 9   2007 年 5 月 6 日绵阳市热力景观斑块分类对比图

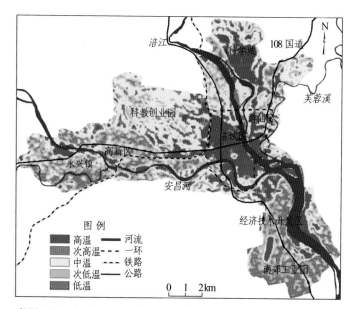

彩图 10   1988 年 05 月 01 日绵阳市热力景观斑块分类图

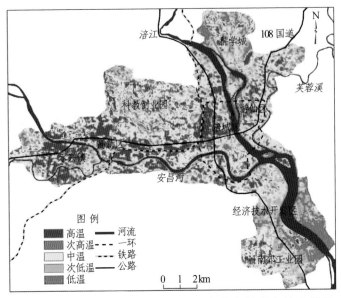

彩图 11　2001 年 05 月 13 日绵阳市热力景观斑块分类图

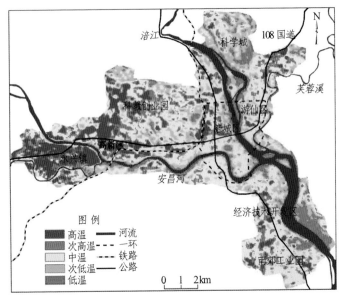

彩图 12　2007 年 05 用 06 日绵阳市热力景观斑块分类图

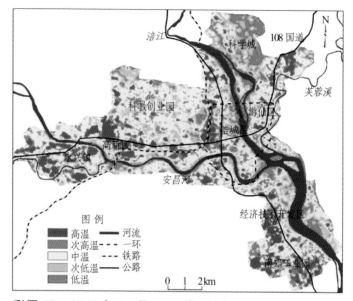

彩图 13　2011 年 05 月 17 日绵阳市热力景观斑块分类图

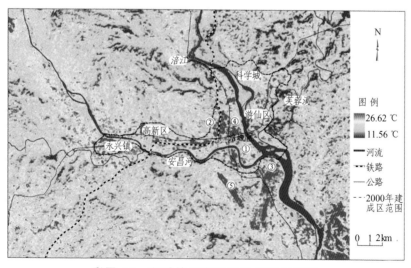

彩图 14　秋季绵阳市地表热场空间格局

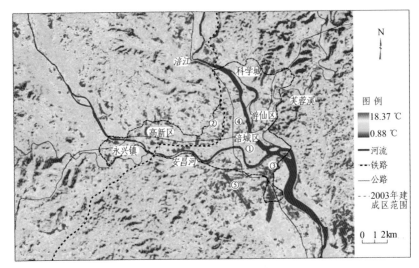

彩图 15　冬季绵阳市地表热场空间格局

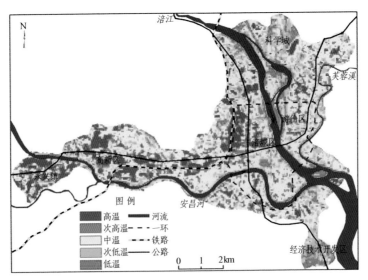

彩图 16　绵阳市春季建成区热力景观斑块分类图

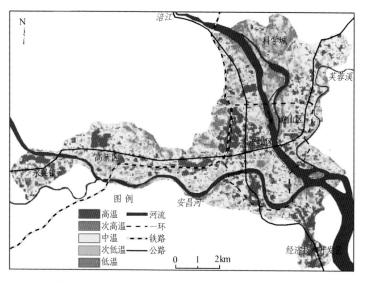

彩图 17　绵阳市秋季建成区热力景观斑块分类图

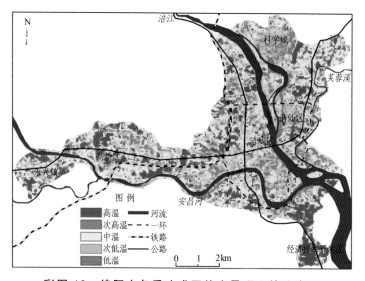

彩图 18　绵阳市冬季建成区热力景观斑块分类图

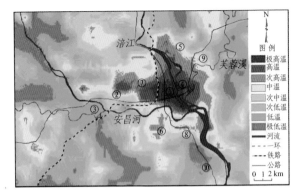

（a）2008.03.01　22：52

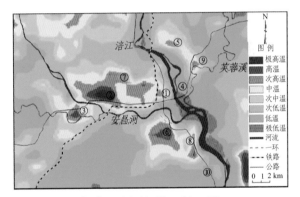

（b）2008.03.02　11：12

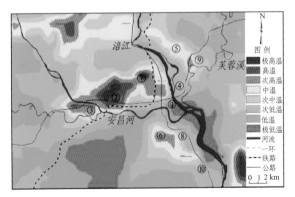

（c）2008.03.02　14：38

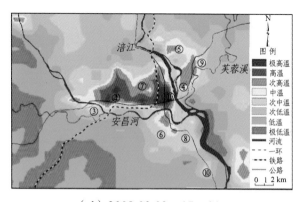

（d）2008.03.02　17：21

彩图 19　绵阳热场昼夜变化（北京时；春季）

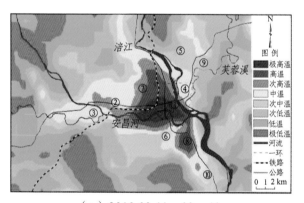

（a）2010.03.11　02：49

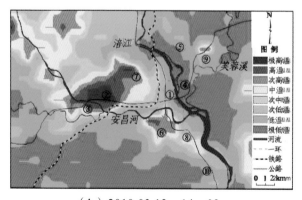

（b）2010.03.12　14：02

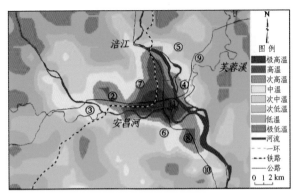

（c）2010.03.17　03：28

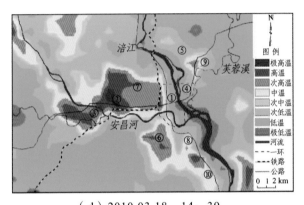

（d）2010.03.18　14：39

彩图 20　绵阳热场昼夜对比（北京时；春季）

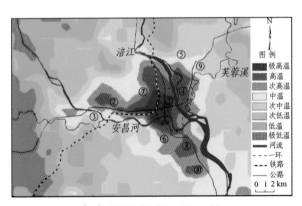

（a）2010.05.01　21：27

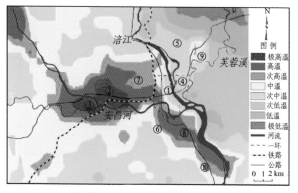

（b）2010.05.04　10：41

彩图 21　绵阳热场昼夜变化（北京时；春季）

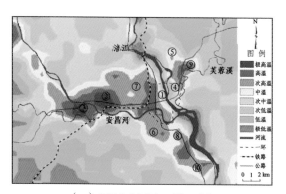

（a）2011.06.24　09：04

（b）2011.06.24　14：20

彩图 22　绵阳热场对比（北京时；夏季）

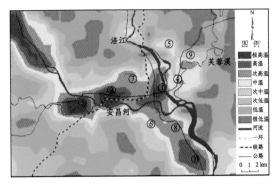

（a）2007.09.18　11：51

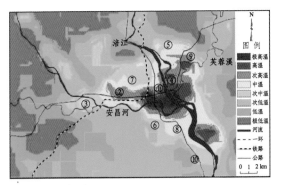

（b）2007.09.19　03：21

彩图 23　绵阳热场昼夜对比（北京时；秋季）

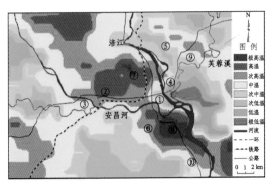

（a）2008.02.29　11：59

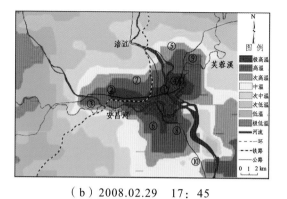

（b）2008.02.29 17：45

彩图 24 绵阳热场对比（北京时；冬季）

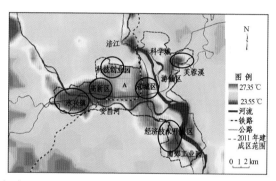

（a）2011.06.24 09：04 （北京时，AVHRR）

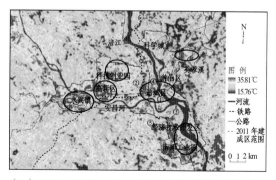

（b）2011.05.17 11：20 （北京时，TM）

彩图 25 AVHRR 与 TM 热场对比图

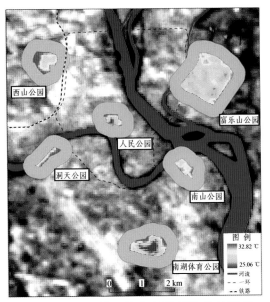

彩图 26 公园景观的空间格局及其热环境